技能大师"亮技"丛书

跟技能大师学机械加工经验

郑文虎　编著

机械工业出版社

本书由长期在生产一线工作的、经验丰富的技能大师编写，内容与生产实际紧密结合，力求重点突出、少而精，图文并茂，深入浅出，注重细节，通俗易懂，便于培训学习。全书内容分为五章：第一章是机械加工专业笔记，第二章是机械加工技术经验，第三章是难切削材料的切削加工，第四章是难磨材料的磨削加工，第五章是精密切削与光整加工。

本书可作为企业培训部门及职业院校的培训教材，还可作为机械加工技术人员的参考资料。

图书在版编目（CIP）数据

跟技能大师学机械加工经验/郑文虎编著. —北京：机械工业出版社，2024.6

（技能大师"亮技"丛书）

ISBN 978-7-111-75796-2

Ⅰ.①跟… Ⅱ.①郑… Ⅲ.①金属切削 Ⅳ.①TG5

中国国家版本馆 CIP 数据核字（2024）第 095989 号

机械工业出版社（北京市百万庄大街22号 邮政编码100037）
策划编辑：王晓洁　　　　责任编辑：王晓洁　王　良
责任校对：樊钟英　薄萌钰　封面设计：张　静
责任印制：郜　敏
中煤（北京）印务有限公司印刷
2024年7月第1版第1次印刷
190mm×210mm · 4.5印张 · 117千字
标准书号：ISBN 978-7-111-75796-2
定价：49.80元

电话服务　　　　　　　网络服务
客服电话：010-88361066　机工官网：www.cmpbook.com
　　　　　010-88379833　机工官博：weibo.com/cmp1952
　　　　　010-68326294　金 书 网：www.golden-book.com
封底无防伪标均为盗版　机工教育服务网：www.cmpedu.com

前言 PREFACE

经验是实践得来的知识或技能。技术经验是巧妙运用技术基础理论的结晶，经验是实践后用技术理论总结的升华，技术经验是解决生产技术难题的一种简单而易行的捷径。一个人要想为国家和企业做出更大的贡献，实现人生最大的价值，除努力做好本职工作外，还要与时俱进地坚持学习、勇于实践、不断总结、借鉴和运用别人的技术经验，提高自己在工作中的应变能力，促进生产技术进步，提高生产水平，为国为民为企创造更大的效益。

笔者在中车北京南口机械有限公司工作了六十多年，期间在北京市职工技协参加技术交流工作近四十年，并多次参加国内各地金属切削交流会和中国高校华北学术年会，涉猎了很多机械加工方向，接触到了很多"三新"知识，在企业内外帮助解决了很多的生产技术难题，并在企业和社会推广、应用自己这些实践经验。笔者在这几十年的工作中，发现很多生产技术难题产生的原因，就是没有技术理论指导而盲目实践的结果。

由于笔者的这些经验是党、社会、企业和众人培养几十年的结果，而决定将自己几十年的经验总结出来，毫无保留地反馈给社会、企业和青年，是一个党员和劳模应做的份内之事，也是不忘初心，牢记使命的表现。在这几十年里，特别是笔者退休和半身不遂后这二十多年，除在公司返聘工作外，已正式出版机械加工技术书籍25本，还自印笔者的论文集、回忆录等20本，组织拍摄《难切削材料的加工》视频并出版光盘，在全国性期刊上发表以机械加工为主的论文或文章72篇，同时为传播技术经验，又多次自费17万元印制图书和技术资料，免费送给相关企业和大中专院校。

本书是笔者在北京市职工技术协会、大中专院校和企业为技术工人，学生传播技术经验的讲稿的基础上修改而成的。全书内容分为五章：第一章是机械加工专业笔记，第二章是机械加工技术经验，第三章是难切削材料的切削加工，第四章是难磨材料的磨削加工，第五章是精密切削与光整加工。书中涵盖了笔者整理的几百本机械加工技术书、专刊、论文后的笔记两百多条。

本书成稿后，笔者以本书内容为主给中车北京南口机械有限公司员工进行讲座，公司企业信息部部长马骁骅还主动帮助笔者将本书扫描版发给北京市内外的几十个同行和朋友，讲座和扫描版均获得很好的反馈。后来，航天部二院大国工匠曹彦生和全国五一劳动奖章获得者曹彦文两位同志主动将扫描版录入为文本并排版打印后邮寄给笔者。在中车北京南口机械有限公司人力资源部的大力支持下，委托新进公司的研究生张琦同志对已录入的书稿电子版进行修改。他们不惜牺牲大量的业余时间，帮助笔者为传播技术经验和成书做了大量的工作，在此表示衷心的感谢！

由于笔者学识和实践范围有限，书中定有不妥或错误之处，恳请读者批评指正。

郑文虎

目录 CONTENTS

前言
绪论 ·· 1
第一章　机械加工专业笔记 ·················· 4
　一、切削材料相关知识 ························· 4
　二、切削刀具相关知识 ······················· 10
　三、切削基础知识和计算 ···················· 16
　四、切削加工中的小技巧 ···················· 20
　五、特种加工和高效加工 ···················· 26
第二章　机械加工技术经验 ················· 32
　一、金属切削过程 ······························· 32
　二、机械加工工艺 ······························· 41
第三章　难切削材料的切削加工 ·········· 54
　一、淬火钢的切削加工 ······················· 55
　二、不锈钢的切削加工 ······················· 55
　三、高强度和超高强度钢的切削加工 ···· 56
　四、高锰钢的切削加工 ······················· 56
　五、冷硬铸铁和合金耐磨铸铁的切削加工 ··· 57
　六、钛合金的切削加工 ······················· 57
　七、高温合金的切削加工 ···················· 58
　八、热喷涂材料的切削加工 ················· 59
　九、难熔金属的切削加工 ···················· 60
　十、纯镍的切削加工 ··························· 61
　十一、软橡胶的切削加工 ···················· 61
　十二、复合材料的切削加工 ················· 62
　十三、工程陶瓷的切削加工 ················· 62
　十四、硬质合金的切削加工 ················· 63
　十五、砂轮的切削加工 ······················· 63
第四章　难磨材料的磨削加工 ·············· 64
　一、高钒高速钢的磨削 ······················· 64
　二、不锈钢的磨削 ······························· 65
　三、高温合金的磨削 ··························· 66
　四、钛合金的磨削 ······························· 66
　五、软橡胶的磨削 ······························· 67
　六、纯铜和铝的磨削 ··························· 67
　七、磁钢的磨削 ·································· 68
　八、热喷涂材料的磨削 ······················· 68
　九、工程陶瓷的磨削 ··························· 69
　十、高、超高强度钢的磨削 ················· 69
第五章　精密切削与光整加工 ·············· 71
　一、精密切削加工 ······························· 71
　二、珩磨加工 ····································· 73
　三、研磨加工 ····································· 78
　四、抛光加工 ····································· 82
　五、滚压加工 ····································· 85
　六、内孔挤压加工 ······························· 90
　七、超精加工 ····································· 92
后记 ·· 99
附录　金属切削常用代号、名称、单位 ··· 100
参考文献 ·· 104

绪　　论

在笔者工作的六十多年时间里，最不吝惜钱的就是去买技术书并坚持阅读，从不懈怠，同时也爱读社会上和工厂里的各种技术刊物，更爱收集与机械加工相关的技术资料。笔者1958年参加工作后，主要读的是翻译苏联的各种技术书，也读英国、日本、德国的翻译技术书，这些对笔者工作能力的提高、生产中的技术难题的解决与进行技术革新起了很大作用。由此笔者真正体会到了"书籍是人类进步的阶梯"和"书中自有黄金屋"。买书和坚持读书，联系实际去用书中理论、工艺等改造客观世界，这是很小的投入，巨大的产出，具有很高的性价比，也是身边最廉价的老师。他指导人进行优质高效的工作，而且还百问不烦；笔者依靠读这些书之后总结的技术经验并正式出版了25本技术书（还有几本回忆录等未正式出版），在技术刊物上公开发表技术论文72篇，而且目前还在继续。社会、工厂和众人培养了笔者，笔者愿将自己的技术与技术经验毫不保留地反馈给社会。

工作之余，笔者还十分爱读文学书（领导人、英雄人物、历史等书），读这些书可以陶冶情操，树立正确的人生观，激励人产生奋斗的志气与毅力。为了养生和身体健康，笔者还爱买、爱读医学和养生之书。笔者半身不遂后，还能康复和工作，除医疗、锻炼外，和看医学书有直接关系，得益多多。笔者有今天的成绩，除党、社会、工厂和众人的培养外，就得益于书——这个在身边可时刻教导我的"廉价"的老师。

读书的目的，就在于用书中之理念、知识、信息和思想与工作方法，改造主观和客观世界。离开了此目的读书就是白读，是浪费生命。读书的方法，是必须带着问题去读，理论与实际相结合，这样才能看得进、用得上、记得牢。只有带着目的去读书，只有和实际结合去读书，才会有毅力读而且读懂，才不会去钻"牛角尖"，把书读活、为我所用。笔者是个初中生，文化水平低（不懂高等数学），读翻译苏联的《金属切削学》《耐热合金的加工》等书时，开始看不懂，硬着头皮反复看几遍，同时联系实际后，也慢慢懂了许多，并把要点刻记在脑子里。如笔者看完30万字的《耐热合金的加工》一书后，把书中几十篇苏联专家的论文，总结成一句话——切削加工耐热合金（现代称为高温合金），刀具材料BK8（即YG8）[⊖]，前、后角10°，切削速度v_c=18m/min左右。这一句话用了近60年，解决了企业内外许多

[⊖] 书中部分材料牌号为旧牌号，括号里为对应的新牌号，部分材料无对应的新牌号。

高温合金的加工难题。对于"科学技术是第一生产力"这句话，笔者在这几十年的工作中体会最深。笔者通过长达半个多世纪的工作，得出了一个结论：生产上一切技术难题，都是不懂技术理论而盲目实践的结果。可见理论对实践的指导意义何等重要。解决生产技术难题的钥匙是理论。技术经验的获得，也只有用理论去总结实践经验，才能升华而得到，这些都与学习读书有直接的关系。常言道"读书破万卷，下笔如有神"。这"下笔"就是实践，"神"则是质量和目的。笔者这几十年在社会技术交流工作中，曾在遇到难以解决的工艺问题时请教于人，对方则以技术上的保密"无可奉告"，逼得笔者不得不花时间和精力在书中来寻找解答，有时得花近一个月的休息时间去查找。如纯镍为什么不能用硬质合金刀具切削（因为 Ni 和 Co 会发生严重的亲和作用而黏结从而导致 100% 失败）；长 300 多 mm、直径 ϕ250mm、壁厚 7mm 的圆柱套为什么能成为球罐（这是采用旋压成形。在苏联一本名为《旋压成形》翻译书中的第一部分就详细介绍过）；金刚石的耐热性只有 700~800℃，怎么焊接成刀具（查资料介绍，金刚石是在真空中 1200℃ 以下用银钛合金焊接，如在惰性气体中可耐热 1700℃……）等问题，均在书中能找到答案，就看你去找不找以及有没有决心与毅力了。当你找到了答案，那种如获至宝的喜悦是多少钱也难买来的，有道是"功夫不负有心人"。

人生不知不会的东西太多了，不知不会的就是自己学习和努力的方向与目的，这也是学习和工作的良机，千万不可忽视和丧失，否则就会后悔一辈子。人生在世就是几十年，要想使自己人生价值最大化，提高自己的工作效率（效率就是生命）和工作质量，除勇于实践外，就是学习（读书、收集技术信息，虚心向他人学习）。

读书好像看起来简单，其实也不容易。必须有为国为民的学习理念和动力，要有坚强的毅力（几十年如一日），还要有良好的学习方法（联系实际、举一反三、相互借鉴、去粗取精、多联想等），否则读书就会收效甚微。要把厚书读薄或总结成一句记于心中，才好在工作中应用。过去有句话——"秀才不出门，能知天下事"，就是读书的结果。现代书的形式多种多样（纸质、电子、上网……），但笔者还是认为纸质书最好，能记、能划出重点，下次重读就省时间了。

读书还有一个好处，在读书的过程中，除学知识外，还学习了文章的写作方法和写作格式及表现手法，培养自己的写作能力，为自己写作打下基础。还有同名（内容相似）多本书一起读完后，可把不同作者的特点（理念、经验、写法）综合起来，相互借鉴，取长补短，丰富自己，为自己写作开阔了视野。在笔者写的几十本书中，只有前 6 本打过草稿，从第 7 本起，都是一稿而就，从不添改而成书和文的。这不能不说，是坚持广泛读书所带来的好处。

在工作的六十多年里，自己读了很多与机械制造［机械加工、金属切削原理和工艺、与机械加工相关工艺技术（焊、粘接、金属材料与非金属材料、锻、铸、热处理、表面工程、……）］相关的书与期刊（《金属加工》（原《机械工人》）《新技术新工艺》、《工具技术》），对自己视野的开阔和工作能力的提高起到了很大作用。因时间长达半个多世纪，所记笔记由于几次搬家都被当废纸处理了，当时未注意此事，现在才认为是最大的遗憾。现将2000年后记录的一小部分笔记整理出来，供大家参考。

第一章 机械加工专业笔记

一、切削材料相关知识

（一）金属材料

1. 高速切削淬火钢：20CrMnTi，渗碳淬火后的硬度为60~62HRC，刀具材料为SG4陶瓷，v_c=100~150m/min，a_p=0.2~0.3mm，f=0.15~0.19mm/r。

2. 白口铸铁（冷硬铸铁等）铣削：刀具材料为陶瓷，圆形刀片可转位面铣刀，γ_o=−8°，α_o=8°，λ_s=−8°，a_p=3~6mm，刀具直径为ϕ100mm，n=375r/min（v_c=117m/min），v_f=475mm/min（z=6，f_z=0.21mm/z）。也可用于铣淬火钢。

3. 钻削铸造高温合金：铸造高温合金是难切削材料中最难切削的一种，如45钢的相对切削加工性K_r=1，而它的K_r只有0.08，所以用硬质合金钻头时v_c=8m/min左右，用高速钢钻头时v_c≤3m/min，f>硬化层深度，并不要在切削表面停留，以免加剧硬化。钻头的磨钝标准要小于加工一般钢的1/2，适当加大α_o，减小横刃，加大顶角。在钻孔前必须把钻头的刃带改磨成α_o'=4°~6°，以防刃带与孔壁摩擦黏结而扭断钻头，这点必须千万注意。否则几十毫米粗的钻头也会扭断，而且使钻孔不顺利。最好用可转位浅孔钻头。

4. 切削纯钨：最好采用PCD、PCBN刀具材料。

5. 切削难切削材料：①淬火钢YT726，v_c=40~70m/min，a_p=1~1.5mm，f=0.1~0.2mm/r，γ_o=−8°，α_o=8°；淬火高速钢YG610，v_c=30m/min；②高钴硬质合金YG20，刀材YG600，v_c=6m/min；③高强度钢（CrNiM0），硬度60HRC，刀具材料YG643，κ_r=12°，κ_r'=10°，γ_o=0°，α_o=6°，v_c=12m/min，a_p=1.5mm，f=0.45mm/r；④车合金铸铁轧辊，刀具材料YG643、YG610，γ_o=−3°~0°，α_o=8°，κ_r=8°~15°，κ_r'=10°，v_c=8~12m/min，a_p=1~2mm，f=2.5~3mm/r；⑤加工硼铸铁，刀具材料YT726、YG813，v_c=55m/min，a_p=7mm，f=0.5mm/r；⑥高铬铸铁，硬度63~65HRC，刀具材料YG610、YG600，γ_o=−3°，α_o=5°，κ_r=20°，κ_r'=10°，v_c=16~27m/min，a_p=0.5mm，f=0.41mm/r；⑦车砂轮，刀具材料PCD，γ_o=−18°，α_o=10°，圆形刀片，v_c=30~35m/min，

a_p=1~5mm，f=0.5~1.5mm/r，若是SiC砂轮则v_c≤25m/min；⑧车热喷涂层，硬度为58~68HRC，刀具材料YG600、YG610，κ_r=10°~15°，γ_o=0°，α_o=10°，r_ε>0.8mm，v_c=15~20m/min，a_p=0.1~0.3mm，f=0.3~0.6mm/r，如用PCD、PCBN材料就更好，v_c可提高几倍。

6. 切削镍基高温合金（Incone 718）：刀具材料为M42、YD15、YG813、Si_3N_4。如用YD15，γ_o=0°~5°，α_o=8°~12°，v_c=30~37m/min，a_p=0.15~4mm，f=0.16~0.32mm/r。如用Si_3N_4，v_c=50~70m/min。如用PCBN刀具，v_c=150~200m/min。如用M42的TiN涂层刀具，刀具寿命可提高近10倍。

7. 切削镍基高温合金：使用JX（含晶须SiC_w增韧的氧化铝基陶瓷刀具），在切削时，使用含氯化石蜡的切削液最好。

8. 车削LY1（铝）：LY1的性能：熔点为660℃，70HBW，R_m=130MPa，A=20%，耐热200~300℃。硬质合金刀具γ_o=30°~40°，α_o=12°~15°，κ_r=60°~90°，r_ε=0.5~1mm。v_c=150~200m/min，f=0.15~0.5mm/r，a_p不限。切削液为煤油。

9. 高速钢低温淬火（W18Cr4V）：原淬火温度为1280℃，淬火后三次560℃×1h回火。现淬火温度为1180℃，同样三次560℃回火。可使模具寿命提高两倍，韧性增加，晶粒细化。

10. 钛合金的铣削（纯钛为TA1~TA3，其余TB和TC为钛合金）：①采用顺铣可提高刀具寿命1倍；②尽量采用机动进给；③高速钢刀具v_c=10m/min左右，硬质合金刀具v_c=30~38m/min，PCD、CVD刀具v_c=100m/min左右；④α_o应大一些，因为钛合金的弹性模量E比一般钢小近一半，α_o一般应为12°~15°，以减小后刀面的摩擦。

11. 钛合金攻螺纹：①钛合金攻螺纹的难点有：它的弹性模量E小，为E=110000MPa，为一般钢材E的一半，攻螺纹时材料回弹大，从而紧紧抱住丝锥，使攻螺纹转矩大，从而使丝锥折断。由于钛合金的刀具与切屑接触时间短，F_c力集中在刃口附近，易造成崩刃；②钛合金攻螺纹时的对策为：（a）攻M3~M6螺纹采用单支丝锥，（b）采用正的λ_s，（c）切削刃主偏角为5°~7°，（d）减小刃背宽度，（e）在前刀面上錾出小负倒棱，（f）为减小后刀面的摩擦，一是采用双重后角，二是用金刚石锉锉削来加大后角，（g）采用较短的校正齿长度，（h）采用润滑性能好的切削液（剂），如用含P、S的极压切削液（含Cl最好不用，以免造成应力腐蚀）、可采用蓖麻油60%（质量分数，下同）+煤油40%的混合油，（i）适当加大底孔直径（d_1=d_0-0.751P），式中d_1为底孔直径（mm），d_0为螺纹公称直径（mm），P为螺距（mm）。

12. 用浸渗润滑剂的砂轮磨钛合金：①砂轮为碳化硅陶瓷结合剂砂轮；②浸渗材料QS-含硫的，如MoS_2粉或油剂，用MoS_2+酒精浸泡10h以上；③浸渗方法有真空法、真空加压法、一般浸渗法；④特点及效果有，(a) 防止磨屑黏附在砂轮表面上从而堵塞气孔，(b) 减小磨削力，(c) 降低磨削温度约200℃，(d) 提高磨削比 $G^\ominus$ 可达 1~2 倍，(e) 不仅适用于湿磨，也适用于干磨。

13. 加工硬齿轮（淬完火后）：①采用硬质合金刮削滚刀精滚淬火后的齿轮，$\gamma_o=-30°$，$\lambda_s=-30°$（副切削刃），其效率是磨齿的几十倍，精度可代替磨齿；②采用 CBN 蜗杆砂轮磨削，如滚齿一样，(a) 效率比一般磨齿轮高 6~7 倍，(b) CBN 的粒度为 F80~F100 或 F120~F140，(c) 寿命为一个蜗杆磨轮可加工 3600 个齿轮，(d) 工艺要求为，$v_c=27$m/s，$a_p=0.05$~0.1mm，切削液（必须是油基）流量 76L/min；③采用电镀 CBN 内齿轮成形磨轮珩磨齿轮，特点是寿命高，一个磨轮可珩磨 5000~10000 个齿轮，磨损后可重复镀 20~40 次，加工效率高，一般只需 2~3min 即可加工一个齿轮，表面粗糙度值 Ra 值可达 $0.15\mu m$；④深切缓进，可从无齿毛坯上直接磨齿，(a) 齿轮坯为淬火后的齿坯，未加工齿，(b) 砂轮为单层电镀 CBN 成形砂轮，(c) 工艺参数：$v_c=155$m/s，分粗磨、半精和精磨，粗磨 $a_p=0.1$mm，$v_f=6$m/min；半精磨 $a_p=0.1$mm，$v_f=9$m/min，精磨 $a_p=0$mm，$v_f=1$m/min。

14. 切削高钴硬质合金 YG20：刀具材料硬度 85HRA，$\sigma_{bb}=2500$MPa；①刀具材料为 YG600（硬度 93.5HRA，$\sigma_{bb}=980$MPa），②刀具几何参数：$\gamma_o=-5°$~$0°$，$\alpha_o=8°$~$10°$，$\kappa_r=15°$~$30°$，$\kappa_r'=15°$~$20°$；③切削用量 $v_c=20$~30m/min，$a_p=0.1$~0.5mm，$f=0.1$mm/r。现在最好采用 PCD、PCBN 来切削。

15. 粗车镍铬冷硬铸铁：①工件材料为镍铬白口铸铁，硬度 53HRC，并有夹杂等铸造缺陷；②刀具材料为 YS8、YS2，或 Si_3N_4 陶瓷（$v_c=51$m/min，$a_p=0.2$mm，$f=0.15$mm/r）；③刀具几何参数：$\gamma_o=0°$，$\alpha_o=5°$，$\gamma_{o1}=-28°$，$b_\gamma\geq0.2$mm，$\kappa_r=15°$，$\kappa_r'=10°$（硬质合金刀具）；④切削用量，$v_c=13$m/min，$a_p=2$mm，$f=1.2$mm/r；⑤它的单位切削力 $K_c=3000$MPa/mm²。

16. 切削硒不锈钢：硒（Se）不锈钢牌号 303S41（质量分数为：Co12%、Mn2%、Cr17%~19%、Ni8%~10%、Si1%、Se0.15%~0.35%）。加入硒以后，可在不锈钢的力学和物理性能不变的情况下，使其的切削加工性变为奥氏体不锈钢的 1.6 倍，使加工性变好。采用硬质合金刀具切削，其 $v_c=300$~340m/min，而且断屑良好。

17. 切削喷涂（焊）材料：①刀具材料为 YG610、YG600、YG726；②刀具几何参数 $\gamma_o=-5°$~$-3°$，$\alpha_o=10°$~$14°$，$\kappa_r=8°$~$15°$，$r_\varepsilon\geq1.2$mm，必须有修光刃（长度 $>f$），$VB<0.3$mm；③切削用量：喷涂层硬度 ≥68HRC 时，$v_c\leq12$m/min；硬度 ≥55HRC 时，$v_c=12$~25m/min；硬度 ≤55HRC 时，$v_c=25$~30m/min，$a_p=0.05$~0.8mm，

⊖ 体积磨削比=工件材料磨除量/砂轮磨损量（注意与后面的"磨耗比"区分开）。

$f=0.5~2$mm/r。a_p小，则f大，避免剥落（最好采用PCD、PCBN切削）。

（二）非金属材料

1. 聚四氟乙烯的比重：2.13g/cm³。

2. PCBN的切削性能：①切削温度在800℃时，其硬度高于陶瓷和硬质合金的常温硬度，其摩擦系数只有硬质合金的1/4~1/2；②在1000~1400℃高温下也不与铁系材料发生化学反应，其黏结和扩散作用比硬质合金小得多；③PCBN刀具干切比湿切寿命长得多（CBN刀具禁止用水基切削液，因为高温下，CBN与水会发生反应生成硼酸，硼酸使刀具很软而加速刀具磨损）。如用切削液，只能用油基切削液；④不宜用来切削硬度低、塑性大的金属，因为效果很差。

3. 金刚石的电阻率为$10^{14}~10^{16}\Omega\cdot cm$。人造金刚石的生产时间：美国通用电气公司是1954年，我国为1963年；CBN美国的生产时间为1957年，我国为1966年。

4. 常用碳、氮、氧化物和硼化物的硬度（HV）：①碳化物：TiC为2900~3200，ZrC为3175~3550，HfC为3885~3890；VC为2800，TaC为1800，NbC为2400，WC为2400，Mo_2C为2690，B_4C为2350~2700，SiC为3000~3500，Cr_3C为21882，$Cr_{23}C$为61663，Fe_3C为1650。②氮化物：TiN为1800~2100，ZrN为1400~1600，HfN为1500~1700，VN为1500，TaN为1060；NfN为1400；Nb_2N为1720，BN（立方）为7000~8000；Si_3N_4为2670~3260；AlN为1225~1230，CrN为1500，Cr_2N为1520~1629；Mo_2N为630；③氧化物：TiO_2为1000，ZrO_2为1300~1500，HfO_2为2780~2790，Ta_2O_5为1755~1815，NbO_5为1470~1510，Al_2O_3为2300~2700，Cr_2O_3为2915；④硼化物：TiB_2为3310~3430，ZrB_2为2274~2330，HfB_2为2400~3400，VB_2为2797~2813，TaB_2为2460~2540，NbB_2为2600，W_2B_5为2650~2540，CrB_2为2020~2180，FeB为600~1700，Fe_2B为1290~1390。

5. 金属陶瓷（TiC基硬质合金）：TiC+Ni（Mo）。它的硬度为93.5~94.5HRA，耐热性为1100~1300℃，耐磨性为一般硬质合金的3~4倍，v_c一般钢材时为300~400m/min，化学稳定性好，不易与钢发生黏结和产生积屑瘤。常用来做高速切削刀具材料。

6. 涂层硬质合金：①涂层工艺，(a) PVD是物理气相沉积（工艺温度300~500℃），主要用于高速钢刀具涂层，也可用于硬质合金刀具（片）涂层；(b) CVD是化学气相沉积（工艺温度900~1050℃），主要用于硬质合金刀具（片）涂层；②涂层物质有TiN、TiC、Al_2O_3、TiAlN、TiAlSi、金刚石……；③涂层刀具（片）具有通用性；

④使用效果：v_c可提高30%~50%，刀具寿命T可提高3倍左右。

7. 车削Al_2O_3陶瓷喷涂层：①采用超声波切削；②刀材为PCD、PCBN、YC09、YS8、YGHT（YS2）；③刀具几何参数γ_o=0°，α_o=12°，λ_s=-5°~0°，κ_r=15°；④切削用量a_p=0.05mm，f=0.1mm/r，v_c=20m/min，刀具振幅A=10μm，振动频率F=20kHz。

8. 加工工程陶瓷：工程陶瓷的熔点为2000℃。①电火花加工，方法是增大电压，提高脉冲量，以达到电蚀能力，并提高伺服系统信号分辨能力；②激光加工，(a)激光加工孔径可达0.7mm左右；(b)用激光束切割可提高效率10~30倍；③特种磨削，(a)高速往复磨削时工件台往复速度是常规的2~3倍；(b)复合磨削加工，一是超声磨削，超声波振动让磨粒冲击工件，产生脆性破坏达到磨削的目的，二是放电加工和电解加工复合磨削，适用于金属陶瓷等难磨材料；④振动钻孔技术；⑤超声波微孔加工技术，采用20kHz超声波和CO_2激光器加工，用20kHz超声波加工微孔的方法是不断供给碳化硼或金刚石磨料和水混合浆液，进行加工；⑥常规加工陶瓷的方法，(a)用金刚石砂轮磨削或切削，(b)用PCBN刀具切削（γ_o=-5°~0°，α_o=12°~15°，λ_s=-10°~-5°，κ_r=8°，v_c=50~80m/min，a_p=0.3~0.5mm，f=0.05~0.1mm/r）；(c)刀具材料PCD，直径ϕ8~14mm圆刀片车削，γ_o=0°~-8°，α_o≥8°，λ_s=-6°，切削用量v_c=80~100m/min，a_p=1~2mm，f=0.05~0.12mm/r。注意：f>0.15mm/r时易产生崩碎。由于陶瓷是脆性材料，切入切出易崩边，必须采用防护措施。

9. 高性能硬质合金棒材：主要用于制作各种刀具。有实心棒材，直径ϕ1~ϕ35mm，长度700mm；有带孔棒材，形式有单孔、双孔、双螺纹孔（β=30°±0.5°），直径ϕ5~ϕ35mm，长度为400mm。牌号有YV08（WC0.2~0.4μm，ρ为14.56~14.65g/cm³，93.5HRA，σ_{bb}为3800MPa）；YF06（WC0.4~0.6μm，ρ为14.86~14.96g/cm³，93HRA，σ_{bb}为3100MPa）；YL10.2（WC0.7~0.9μm，ρ为14.4~14.55g/cm³，91HRA，σ_{bb}为4000MPa）；YL10.1（WC1.2~1.7μm，ρ为14.88~15.04g/cm³，90.5HRA，σ_{bb}为2500MPa）；YL50（WC1.5~2μm，ρ为13.86~14.1g/cm³，78.5HRA，σ_{bb}为3500MPa）。

10. 石墨：优良的固体润滑剂，主要用于不锈钢、高温合金、钛合金和高锰钢攻螺纹。润滑剂形态为石墨粉+植物油调成糊状。

11. 金刚石刀具切削铝的摩擦系数为0.12~0.26，硬质合金切削铝的摩擦系数为0.3~0.6。

12. 金刚石的热导率：在较早的书上它的热导率λ=146.5W/(m·K)，可北京科技大学的陶冶教授在北京为技协会员讲座时说，金刚石的热导率是铜的（纯铜λ=393W/(m·K)）6倍左右（后来笔者在武夷山、张家界地质博物馆看到金刚石的热导率λ=2000W/

(m·K)，因此作者认为陶冶教授讲的是对的，应是金刚石的 $\lambda=2000W/(m·K)$。金刚石还有和世界上其他物质相反的特点，其他物质是热导率高，导电最好，是成正比的。可唯独金刚石的热导率最高，它的绝缘性最好，这就是CVD金刚石刀片，只能用激光切割加工，而不能用电加工的原因。

13. 在软橡胶板上高速铣槽：是把软橡胶板压在上下两个板中间，用立铣刀铣削（硬质合金），$v_c=370m/min$，$v_f=25~35mm/min$，用压缩空气冷却。

14. 软橡胶的热导率 λ 为 $0.167W/(m·K)$。聚氨酯的热导率 λ 为 $0.067W/(m·K)$。

15. 加工钢结硬质合金：由高速钢70%（质量分数）+WC30%或TiC30%，采用粉末冶金烧结而成，硬度为42HRC。它的硬质相含量为25%~50%（质量分数），切削加工时的硬度为32~45HRC，淬火后使用硬度为61~69HRC，σ_{bb} 为 $1800~3600MPa$，密度为 $6.5~10.2g/cm^3$。①车削时采用YG8N材料刀具，低速、小进给、大背吃刀量；②铣削时，v_c 为铣削一般高速钢的2/3，不使用切削液；③磨削时，采用碳化硅为磨料的砂轮，磨削效率由高到低为：金刚石、碳化硼、碳化硅、刚玉，粒度为F36~F70为佳，硬度为H、J、K，结合剂为V，组织为疏松大气孔。用煤油或乳化液作切削液。由于碳化硅导磁性差，采用夹持装夹，吸附时加挡铁。④对焊时，先将刀柄加热后再焊接；⑤热处理时，淬火温度为1260℃，最佳温度为1200~1230℃，回火温度560℃，三次回火。⑥刀具材料为YS8、YCO9、YG610等高硬度硬质合金，如用PCD、PCBN更好，v_c 也可很高。前面几种材料的刀具，$\gamma_o=-5°~0°$，$\alpha_o=6°~8°$，$\kappa_r\leqslant45°$，$v_c=10~13m/min$，$f\leqslant0.5mm/r$，$a_p=1~2mm$，如用高速钢钻头钻孔，$v_c\leqslant7m/min$。

16. 碳纤维的硬度：接近于淬火后高速钢的硬度（62~66HRC）。

17. 可减重达50%的工程材料：轻型高韧性铝铍合金（Beralcast）。比铝轻，更有韧性，比纯铍有更高的韧性，比模量是铝、镁或铝基复合材料的若干倍，可比传统铝零件减重50%，并可热处理或等热压制。

18. 加工钛合金深孔的导向条的材料：采用聚四氟乙烯或尼龙，车削细长轴、杆时的跟刀架的托爪也是用此材料。如采用金属（铸铁）材料，由于钛的化学活性大，会因亲和作用而产生黏结或拉伤。

19. 切削玻璃钢（GFRP）时，提高表面质量的措施：①切削方式（a）顶向切削（切削方向与纤维方向垂直），（b）纵向切削（切削方向与纤维方向平行），（c）顺向切削（切削方向与纤维方向成锐角），（d）逆向切削（切削方向与纤维方向成钝角）；②刀具锋利（选用耐磨性高的刀具材料，如PCD、PCBN高性能硬质合金和高速钢）；③适当减小切削厚度 h_D；④增大刀具后角（$\alpha_o=12°~15°$），在车削螺纹时 $\gamma_p=-25°~-20°$，以防止崩牙和产生毛刺。

二、切削刀具相关知识

（一）刀具材料和涂层

1. 含 Co 高速钢刀具：刀具寿命 T 为普通高速钢的 4 倍，v_c 可高于 W18 的 30%~50%，价格比硬质合金低。

2. 粉末冶金高速钢的性能特点：①无碳化物偏析，晶粒细小均匀（2~3μm）；②硬度高（67~70HRC）；③抗弯强度好（σ_{bb} 为 2730~3340MPa，最高 σ_{bb} 可达 4400~5400MPa）；④热硬性好（在 600℃ 时可比熔炼高速钢提高 2~3HRC）；⑤刀具寿命长（可比熔炼高速钢的寿命 T 提高 2~3 倍）。

3. 高速切削的刀具材料：PCD、CVD、PCBN、刀具陶瓷、TiC 基硬质合金。

4. 车削高硬度（55~65HRC）轧辊的新硬质合金刀片（四川自贡硬质合金有限责任公司生产）：硬度 93HRA，σ_{bb} 为 2000MPa，ρ 为 14.88g/cm³，使用效果好，优于陶瓷，牌号 ZK10uFA。

5. 磨料硬度：刚玉类为 2450HV，碳化硅为 3100~3400HV，碳化硼为 4100~5100HV，CBN 为 9000HV 左右，人造金刚石为 9500HV。

6. 超硬切削刀具：工件材料硬度为 45~58~68HRC，刀具材料为 PCBN。加工精度，尺寸公差为 0.003mm，圆度为 0.002mm，Ra 值为 0.1~0.4μm，效率比磨削高 4~5 倍。

7. 刀具材料性能比较：①耐磨性；PCD（CVD）>PCBN>Al_2O_3 基 >Si_3N_4 基 >TiC 基 >HSS；②耐热性；PCBN>Al_2O_3 基 >Si_3N_4 基 >WC 基 >PCD（CVD）>HSS；③抗热振性：HSS>WC 基 >Si_3N_4 基 >PCBN>PCD（CVD）>TIC 基 >Al_2O_3 基；④热氧化温度；陶瓷（Al_2O_3，SI_3N_4 基）>CBN>WC 基 >PCD>HSS；⑤对钢铁扩散强度大小；PCD（CVD）>Si_3N_4 基 >PCBN>Al_2O_3 基 >WC 基 >HSS。

8. 高速钢镀 C_3N_4/TiN 超硬薄膜：其硬度接近金刚石。

9. 钻头 CNX 涂层（氮化碳纳米结构涂层）：可使钻头寿命延长几十倍，重磨后可成倍延长寿命。CNX 的硬度可达 4000HV。

10. 齿轮滚刀（高速钢 M3，美国牌号）TiN 涂层：可提高刀具寿命 T 3~8 倍，但必须使 v_c<30m/min，当 v_c 高于此值，刀具寿命 T 只能提高 2 倍左右。

11. 刀具纳米涂层：TiAlN 涂层，3500HV，蓝黑色，刀具寿命 T 提高 10 倍；TiN 涂层，

2000HV，刀具寿命 T 提高 4 倍，金黄色；TiCN 涂层，3200HV，蓝灰色，刀具寿命 T 提高 6 倍；金刚石，10000HV，黑灰色；SiAl 涂层，硬度为 3600~4200HV，适用于切削不锈钢、钛合金、铝、高温合金等材料，可防止黏结。

12. CBN 和金刚石的硬度、弹性模量 E、线胀系数和热稳定性：CBN 显微硬度（MPa）46042，弹性模量 E 为 700GPa，线胀系数为 $4.7\times10^{-6}/℃$，热稳定性（在真空中）为 1550℃。金刚石显微硬度>88260MPa，弹性模量 E 为 1000GPa，线胀系数为 $3.1\times10^{-6}/℃$，热稳定性（在真空中）为 1200℃。

13. FIRE 刀具涂层：表面硬度 3300HV，摩擦系数 0.25，厚度为 3~4μm，耐热 800℃。它兼 TiN、TiAlN 和 TiCN 一身，其寿命是 TiN 的 3.37 倍，(TiN 为 2000HV，耐热 600℃)。

14. 高速钢刀具激光涂层（WC、TiC）：表面硬度可提高一倍，达 1700HV。

15. CVD 金刚石薄膜涂层刀具（片）：常用在硬质合金或陶瓷刀具（片）上，采用 CVD（化学气相沉积）工艺沉积一层极薄（几μm）的金刚石膜，以提高刀具表层硬度和刀片耐磨性。①涂层后表层硬度为 10000HV，具有高耐磨性和良好的刚性，低摩擦系数，高热导率、变形小、功率低，切削时不易产生积屑瘤，寿命是未涂层的高 10 倍，为硬质合金刀具的几十倍至一百多倍；②用于切削高硅铝合金、钛合金、陶瓷复合材料及各种有色金属。

16. PCVD 涂层高速钢工具：涂层温度大于 PVD（308~500℃）小于 CVD（800~1000℃），低于高速钢的回火温度（500℃），可在高速钢刀具上涂 TiN、TiC，还可以沉积金刚石和 CBN。

17. 电镀金刚石的优点（包括 CBN）：①工艺简单、投资少、方便；②无须修整，使用方便；③单层结构，切速高；④有足够的寿命，基本可重复使用；⑤制造精度高，是制造形状复杂砂轮的唯一方法。

18. 刀具软涂层：刀具采用 MoS_2、WS_2、$MoS_2/Al/Mo$、$WS_2/W-TaS_2$、MoS_2/Mo 软涂层，以增加刀具在切削过程中的自润作用，降低其摩擦系数至 0.01 左右（无润滑为 0.1~0.3），以减小摩擦，降低切削力和切削温度，提高刀具寿命。国外开发的一种 MoViC 软涂工艺，在刀具上涂 1~2 层 MoS_2，通过试验，在铝合金上攻螺纹，未涂层刀具只能攻 20 个螺纹孔，涂 TiAlN 层的刀具的可攻 1000 个，涂 MoS_2 层的刀具可攻 4000 个。

19. 凝胶法涂层：常用在硬质合金刀具（片）上，采用湿化学合成方法，在刀片上涂一层 $α-Al_2O_3$ 陶瓷。特点是设备简单、工艺易控制、制品纯度高而均匀度高，形成的结构致密与基体结合牢固。其刀具寿命可提高一倍以上。

20. Al_2O_3+SiN（晶须）陶瓷刀具，硬度为 94~95HRA，σ_{bb} 为 700MPa，断裂韧性为 8~8.5MPa，导热性良好，用于切削镍基合金（GH4049）。

21. PCD 刀具（片）磨削的最低速度 v_c：v_c=7~14m/s。切除率随 v_c 的提高递增，可砂轮磨耗比 G⊖却下降。

22. 用陶瓷刀具（SG-2、SG-3）车削堆焊钴基 1 号合金：①钴基 1 号合金的硬度为 48~52HRC；②刀具几何参数为 γ_o=-6°，α_o=6°，κ_r=45°，λ_s=-6°，γ_{o1}=-15°，b_γ=0.2mm；③切削用量为 v_c=175~190m/min，a_p=1.5mm，$f\geqslant$0.1mm/r。

（二）刀具的使用

1. 提高高速钢刀具寿命的方法：①渗硫，将硫粉加热到 200℃，把刀具埋在硫粉中间保温 2h 即可，渗硫可提高刀具寿命 1~3 倍；②MoS_2 处理，把 MoS_2 粉加热到 150℃，然后把刀具放入其中 4h，可提高刀具寿命 1 倍以上；③多元共渗（C、N、O、S、B），可提高低速复杂刀具寿命 5 倍以上；④TiN 涂层（PVD 法），可提高刀具寿命 3 倍左右。

2. PCBN 刀具的用途和切削速度：PCBN 刀具的几何参数，γ_o=0°~5°，α_o=12°~15°，b_γ=0.1~0.2mm，γ_{o1}=-10°~-5°。切削淬火钢，$v_c\geqslant$100m/min；冷硬和高硬度合金铸铁，v_c=70~100m/min；一般铸铁，v_c=200~400m/min；高温合金，v_c=100m/min；钛合金，$v_c\geqslant$100m/min；纯镍，v_c=100m/min；热喷涂材料，v_c=40~100m/min；复合材料，v_c=100~200m/min；钨和钨合金，v_c=80~120m/min。

3. 金刚石刀具的分类：①天然金刚石（ND）；②人造聚晶金刚石复合片（PCD）；③人造聚晶金刚石（PCD/CC）；④金刚石薄膜（涂层）刀具（TFD）；金刚石厚膜钎焊刀具（CVD）。

4. 金刚刀具车削时能达到的表面粗糙度 Ra 值：①天然金刚石刀具加工表面表面粗糙度 Ra 值可达 0.01μm 以下；②人造金刚石刀具（PCD、CVD）加工表面表面粗糙度 Ra 值可达 0.1~0.04μm。

5. 金刚石刀具制造：①用电化学原理、热蚀来研磨；②采用真空和保护气体来焊接（真空中采用银钛合金焊接，焊接温度可达 1200℃ 以下，在惰性气体中，焊接温度可达 1700℃ 以下）。

6. Si_3N_4 陶瓷刀具：可切削镍合金（718），最好用 PCBN 刀具。

7. 金刚石刀具特性：刃口质量、抗磨损性、抗腐蚀最好，焊接性、机械磨削性和断

⊖ 专门衡量人造金刚石聚晶耐磨性的指标，G=金刚石消耗量（g）/磨除工件材料量（g）。

裂韧性最差。PCD（聚晶金刚石）、CVD（化学气相沉淀法合成）刀具可用做精密切削，a_p=0.005mm，表面粗糙度Ra值可达0.05~0.01μm。

8. PCD刀具的性能：①焊接性、机械磨削性和断裂性较好，抗磨损性居中，刃口质量居中，耐腐蚀性差。硬度为8000~9000HV，热导率λ≥700W/(m·K)，摩擦系数为0.1~0.3，线胀系数为$9×10^{-6}℃^{-1}$，和金属亲和力小，不易产生积屑瘤，各向同性；②适用于切削有色金属和非金属，其切削速度v_c和刀具寿命T分别为硬质合金的几倍和几十倍以上。焊接方法有激光真空焊、真空高频焊。③刃磨可采用宽金刚石碗形砂轮。

9. CVD金刚石刀具的性能：硬度为10000HV，耐磨性极高，可焊接性差，低摩擦系数（0.06~0.1），热导率λ=2000W/(m·K)，热稳定性差，在空气中为700℃，在真空为1200℃。切削YG6，v_c=15~30m/min，a_p=0.1mm，f=0.05~0.1mm/r。

10. 金刚石厚膜刀具精密切削：①工件材料为LY12（硬铝）；②刀具几何参数为，γ_o=0°、α_o=10°、κ_r=45°、κ_r'=45°、r_ε=0.8mm；③切削用量为v_c=176m/min，v_f=8m/min，a_p=0.04mm；④切削后的表面粗糙度Ra值0.15~0.05μm。

11. 用CBN刀具铣削淬硬铸铁：工件材料硬度为35~38HRC；刀具几何参数为γ_o=1°~5°、α_o=10°、λ_s=-10°、κ_r=20°、κ_r'=5°、γ_{o1}=-20°、b_γ=0.1mm；切削用量为v_c=133~200m/min，a_p=0.3~1mm，f_z=0.1~0.32mm/z，铣后的表面粗糙度Ra值可达0.25~1.12μm。

12. 热管刀具和自冷刀具：这种刀具是在刀体内装入传热介质（酒精或液氮）并密封，它可降低切削温度50℃左右，从而提高刀具寿命一倍以上。

13. 单刃铰刀（又称刚性铰刀）的特点：①避免用一般铰刀铰后内孔微观呈现的多棱现象；②工件精度，圆度0.003~0.008mm，圆柱度0.005/100mm，尺寸公差等级可达IT6，表面粗糙度Ra值可达0.16μm。

14. 自润滑刀具：金属Al、Si、Mg、V、Zr、Ta、Mo、W等材料的表面有氧化膜，具有较小的摩擦系数。在刀具材料表面通过离子注入这些元素，可形成有极小摩擦系数和自润滑功能的摩擦面，耐热性好，可适于在1200℃高温，满足干切削、硬态切削和难切削材料的切削加工。

15. 提高麻花钻头刚度的措施：①尽量减小钻头的长度；②减小钻头容屑的螺旋角，这样还可以有利于排屑；③增大钻芯厚度，一般钻头的钻芯厚度为$0.154d_0$（d_0为钻头直径mm），它的刚度为100%，扭转刚度为100%；如钻芯厚度增大到$0.398d_0$时，刚度为156%，扭转刚度为415%。

16. 电镀金刚石钻头：在普通麻花钻头头部电镀金刚石（粒度为F140~F180），可用来钻玻璃、有色金属、非金属，切削液为水、煤油或乳化液，v_c=15~35m/min。

17. 刀具材料使用范围的禁区，随切削条件的改变可以突破。如YG类硬质合金在中低速下也可以切削一般钢。大多数难切削材料（高锰钢、各种不锈钢、高温合金、淬火钢……）都采用YG类或添加Tac、Nbc的超细晶粒硬质合金刀具。金刚石刀具在中低速时也可用来切削黑色金属，如：金刚石铰刀铰铸铁；金刚石小直径的砂轮磨淬火钢小孔（也可用CBN砂轮）。在技术工艺方面，一定不要墨守成规，要因地制宜地灵活而用。旧框框突破了，科技才有前进。

（三）刀具的参数和刃磨

1. 刀尖圆弧半径的选择：①一般r_ε为f的80%，或r_ε最大为f的1.25倍；②r_ε与断屑的关系，小的a_p和f，r_ε应小；③r_ε与表面粗糙度Ra值的关系为$h=f^2/(8r_\varepsilon)$，式中h为加工表面残留面积高度（μm），f为每转进给量（mm/r），r_ε为刀尖圆弧半径（mm），若加工时f和表面粗糙度Ra值已确定，则刀尖圆弧半径为$r_\varepsilon \geq f^2/(8h)$。

2. 刀尖圆弧半径r_ε的选择：日本三菱公司的推荐值是r_ε=(2~3)f(mm)。

3. 刀具刃口钝圆半径ρ和工件材料硬度（指硬化程度和深度）及残余应力的关系：ρ越大，残余应力和表面硬化现象就越大。

4. 圆形刀片的主偏角κ_r和背吃刀量的关系：圆形刀片切削时的κ_r是从0°~90°变化的（a_p很小，κ_r≈0°，$a_p \geq$刀片半径，κ_r≈90°）。但圆形刀片最佳切削参数是$\kappa_r \leq 45°$，或$a_p \leq$0.15×刀片直径，最大a_p<0.25×刀片直径。

5. 切断刀的宽度a：$a=(0.5~0.6)\sqrt{d}$，d为工件直径（mm）。

6. 金刚石刀具的研磨：其机理是在机械作用（受镶嵌在铸铁研磨板上的金刚石微粒的微刃冲击、碰撞，使金刚石产生微观解理破碎实现去除）和热化学作用（在加工过程中，金刚石与研磨盘剧烈摩擦，由于热的原因使金刚石表面产生石墨化，被迅速磨损而去除）下，刀具主要发生脆裂和磨损去除。研磨工艺，研磨盘材料为高磷铸铁，直径ϕ300mm，磨料W7金刚石研磨粉+润滑油；研磨盘速度v_c=300~500m/min。

7. 铰刀的研磨方法：①研磨套时，材料为铸铁，结构有整体式和可调式（径向可调，轴向可调，使径向（内径）尺寸变化（缩小以补偿磨损尺寸）；②研磨剂为氧化物（刚玉）、碳化物（SiC）+机械油+煤油，或金刚石研磨膏；③研磨方法：铰刀回转方向与铰刀切削方向相反，研磨套轴向回转运动；④研磨速度：n=40~60r/min；⑤研磨后测量铰刀直径尺寸，d_0=工件孔径或采用0.01~0.02mm，因为有弹性恢复。

(四) 砂轮相关

1. CBN砂轮修锐：①用金刚石笔车削；②用滚轮法，用开槽（轴向）的硬质合金或淬火钢成形滚轮，使滚轮与砂轮成一定速比（$g=v_r/v_c=0.4\sim0.7$，v_r为滚轮速度（m/s），v_c为砂轮速度（m/s）。③气体喷砂，就是用碳化硅或刚玉等为介质和压缩空气混合喷向CBN砂轮表面，去除结合剂；④超声振动修锐；⑤弹性修锐，就是用油+磨料在CBN砂轮旋转时，去除结合剂；⑥磨石修锐，用磨石去除结合剂；⑦磨削修锐，就是用CBN砂轮来磨削碳化硅或刚玉砂轮；⑧电解修锐，主要用于金属结合剂的砂轮（JN砂轮），是采用电火花蚀掉结合剂而达到锐利的目的。方法是正极接砂轮，负极接工具，再加切削液。它们的共同作用是去掉磨屑黏附和一部分镀层。

2. 电镀CBN砂轮的用途及修锐：①磨削镍基合金。②CBN在磨削过程中，一般不需要修整。但有时因磨屑堵塞或黏附后，失去磨削能力或磨削效率低了，也需要修整。这时可用Al_2O_3（刚玉）磨石，在水中浸泡20min后，用手握住对砂轮进行对磨，即可把磨粒上的镀层和黏附在磨粒上的物质去掉而变锐。**注意：修整量不要超过镀层深（厚）度的1/3，以免使磨粒过早脱落。**

3. CBN砂轮的用途：最适合磨削高速钢和高钒高速钢（VC的硬度2800HV，用刚玉砂轮极为难磨，用CBN砂轮极易磨削）、不锈钢、高温合金和其他难磨的黑色金属。

4. 工程陶瓷最适合采用陶瓷结合剂的金刚石砂轮磨削，磨料粒度为F120。

5. 可用PCD来修整磨床砂轮：修整刚玉砂轮时：修整深度为0.02mm，$f \leq 0.3$mm/r。

6. CBN砂轮的磨削液：必须用切削油，不能采用水基切削液，因为CBN在1000℃时与水蒸气和空气中的氧起反应，生成氨和硼酸，使砂轮（或CBN刀具）加速磨损。

7. 超硬磨具（金刚石、CBN砂轮）修整时的速比g：$g=0.25\sim0.5$（金刚石滚轮速度（m/s）/砂轮速度（m/s））；$g=0.4\sim0.7$（用于一般情况）。

8. 陶瓷结合剂CBN砂轮的特点：①可像修整普通砂轮一样修整，十分简便；②刚性好；③有孔隙，节省磨料，利于冷却和排屑；④利于修整后获得微刃，有利于获得低的表面粗糙度Ra值。

9. 金刚石砂轮的用途：除用来磨削硬脆金属（硬质合金）和非金属外，也可用来磨削钢结硬质合金和冷硬铸铁。

10. 金刚石磨料的代号，从磨料的形状（针片状、等积形的不同晶体）及抗压强度由低到高分为五种，它们的代号、结合剂和用途排列如下：①RVD，结合剂B，用于磨硬质合金；②NBD，结合剂M，用于磨硬质合金、钢结硬质合金、合金钢和非金属；③SCD，结合剂M，用于切割硬脆非金属和地质钻头；④SND，结合剂M；⑤DND，结合剂M。④⑤磨料两种用于修整工具、钻探工具和其他工具。

11. 金刚石砂轮的磨耗比G：G=金刚石消耗重量（g）/磨除工件材料量（g）。

12. 单层钎焊金刚石砂轮：克服了单层电镀砂轮的弱点（夹持不牢，磨粒露出少），它的夹持高度为磨粒高度的20%~30%，露出高度达70%~80%，这样使容屑空间增大，砂轮不易堵塞，磨粒利用率高，其磨削速度可达300~500m/s（此v_c太高了，实际应是v_c=30~50m/s）。

13. 难磨削材料的磨削液：磨削高温合金（GH901、GH2132）、钛合金（TC4）时，采用淡色硫化切削油，磨削比G可比乳化液提高20倍。还可以用硼砂和三乙醇胺的水溶液当磨削液，来磨钢结硬质合金，可大大改善砂轮的黏附特性而提高G和降低Ra值。

14. 各种磨料研磨硬质合金时相对能力：天然金刚石为1，人造金刚石为0.73~0.77，CBN为0.58~0.64，碳化硼为0.4~0.6，碳化硅为0.25~0.45。

15. 人造金刚石和CBN磨料的研磨剂为：花生油、橄榄油或其他油（豆油、菜籽油、煤油等）。为了提高研磨质量和效率；可用猪油+油酸，工业甘油、脂肪酸、硬脂酸等。

16. 金刚石滚轮（主要用于修整成形砂轮）型面精度：①最高级为0.003mm；②高精度级为0.004mm；③精密级为0.01mm；④普通级为0.05mm。

17. 磨粒流的工艺：磨粒压力为0.7~22.4MPa，磨粒直径为0.005~1.5mm，磨料为碳化硅、刚玉、CBN。

三、切削基础知识和计算

（一）切削基础知识

1. 单位磨削力K_c为70000~200000MPa/mm²（在有的书籍中为10000kgf/mm²）。其他切削加工的K_c为700~2600MPa/mm²（磨削的v_c高）。

2. 空气的热导率λ=257W/(m·K)；水的λ=0.587W/(m·K)；汽油λ=1.842W/(m·K)；煤油λ=0.128W/(m·K)；银λ=458.2W/(m·K)；钢λ=36.4~53.6W/(m·K)；纯铜λ=383.8~393.5W/(m·K)；黄铜λ=85.5W/(m·K)；灰铸铁λ=41.9~58.6W/(m·K)；铝λ=203.5W/(m·K)；超细玻璃棉λ=0.03W/(m·K)；塑料λ=0.04~0.186W/(m·K)；玻璃棉λ=0.68~1.05W/(m·K)；橡胶λ=0.163W/(m·K)。

3. 抗拉强度和硬度（HBW）的关系：

HBW<175 时，R_m=3.62HBW（MPa）；当 HBW>175 时，R_m=3.45HBW（MPa）；铸铁 R_m≈（HBW–40)/0.6（MPa）。

4. 重量（金刚石、宝石等）克拉（Ct）和克（g）的换算：1Ct=0.203g，1g≈5Ct。

5. 制造工艺系统工程包括；工艺技术、工艺方法、工艺装备、工艺材料、工艺人员和工艺管理。

6. 切屑处理得好与差与生产效率的关系：①切屑处理良好，在数控机床和自动机床、重切机床和大进给时，切屑带走热量多，操作省力，适于高速切削，工件表面质量好，操作安全，生产率高；②切屑处理不好：切屑缠绕堵塞，散热差。机床运转率下降、刀具损坏、操作不安全，生产率下降。

7. 6S 塑料导轨软带：用于机床导轨，耐磨性是铸铁的 10 倍，摩擦系数<0.04，仅为铸铁的 1/3，动静摩擦系数接近，运动平稳，自润性好，可以防止导轨拉伤。

8. 刨床创新：剪切板料。

9. 离心卡盘：利用轴类工件的中心孔定位，重块在卡盘旋转离心力的作用下，利用杠杆的增力作用，拨动卡爪将工件夹紧，使用十分方便。

10. 切削液的极压添加剂：S（硫），有硫酸钠、硫脲，能耐高温（900℃），对有色金属有腐蚀；P（磷），有有机磷酸酯，耐温 300℃；Cl（氯），有氯化石蜡，耐温 600℃，腐蚀金属和污染环境；B（硼），有硼酸酯、无机硼酸盐，有防锈作用，无公害；Si（硅），有硅酸盐，无公害。油酸是水基切削液最好的添加剂。

11. 切削变形：切削过程中的一个重要现象，它的大小不仅影响切削力、发热、工件表面质量，同时也影响切屑的折断。切削变形小，切削力、发热就小，表面质量就好，但切屑易成带状难以折断，反之切削力、发热就大，表面粗糙度 Ra 值就大，易于断屑，这都与工件材料性能和切削条件（刀具材料、刀具几何参数、切削用量）有密切的关系。我在 1963 年碰到浙江大学来我车间工作的同志，他让我读了他们的教材——《金属切削原理》，是哈尔滨工业大学陶乾教授编写的，与当时翻译苏联的《金属切削学》内容差不多。陶教授在书中讲了："刀具前角为 40°时，切屑变形系数等于 1"。当时我就认为切削条件只有 γ_o=40°，其他未提（工件材料性能，切削用量…），这个结论欠妥。现在书中讲到切削钛合金时，说切屑变形系数接近于 1，是由于材料的性能起主要作用，加上了切削条件（γ_o=5°~15°，α_o≥15°，硬质合金的 v_c=25~54m/min，f=0.1~0.3mm/r）。

（二）螺纹

1. 各国螺纹特征代号：为了适应与国际合作，现将几个主要工业国家与我国不同的螺纹标记摘编如下，以供大家识别与使用。

(1) 美国

1) 美国梯形螺纹（ACME）：L 导程—LH—左旋—P—螺距。对于一般用途的梯形螺纹的分级和公差为三级：2G、3G、4G。

标记示例：

75-4-ACME-2G（2级通用梯形螺纹，大径1.75in，每in 4牙，螺距0.25in，单线，右旋）

875-0.4P-0.8L-ACME-3G（3级通用梯形螺纹，大径2.875in，螺距0.4in，导程0.8in，双线，右旋）

75-4-ACME-2G-LH（2线通用梯形螺纹，大径1.75in，每in 4螺牙，螺距0.25in，单头，左旋）

875-0.4P-0.8L-ACME-3G-LH（3级通用梯形螺纹，大径2.875in，螺距0.4in，导程0.8in，双线，左旋）

2) 美国通用管螺纹（寸制）：P—管子；T—锥度；C—管接头；S—直的；M—机械的；L—锁紧螺母；H—软管连接；R—导杆装配连接—LH左旋，标注在后。

标记示例：

3/8-18NPT-LH（美国标准锥度管螺纹，每in18牙，左旋）

1/8-27NPSC（美国标准直的管接头，每in27牙）

1/2-14NPTR（美国标准导杆装配连接的锥度管螺纹：每in14牙）

1/8-27NPSL（美国标准直的管锁紧螺母，每in27牙，牙型角为60°，锥度为1/16）

(2) 德国

1) 米制锯齿螺纹。

标记示例：

S40×7（米制锯齿形螺纹，公称直径为ϕ40mm，螺距为7mm，单线，右旋）

S40×14P7（米制锯齿形螺纹，公称直径为ϕ40mm，导程为14mm，螺距为7mm，双线，右旋）

S40×7-7H（内螺纹公差位置为H，精度为7）

S40×7-7e（外螺纹公差位置为e，精度为7）

S40×7-7H/7e（配合公差）

2) 密封管螺纹：圆锥外螺纹和圆柱内螺纹。

标记示例：

R2 1/2NFE03-004（外圆锥管螺纹，牙型角为55°，锥度为1/16）

RP2 1/2NFE03-004（内圆柱管螺纹）

3) 非密封管螺纹：内、外圆柱螺纹。

标记示例：

G2 1/2A，NFE03-005（非密封外螺纹公差级A）

G2 1/2B，NFE03-005（非密封外螺纹公差级B）

G2 1/2，NFE03-005（非密封内螺纹，NFE03-005为标准号）

(3) 俄罗斯

1) 圆锥管螺纹：R—圆锥外螺纹，R_c—圆锥内螺纹，R_p—圆柱内螺纹，LH左螺纹，标记后面。

标记示例：

R1/2（管状圆锥外螺纹）

R_c1/2（管状圆锥内螺纹）

R_p1/2（管状圆柱内螺纹）

R1/2LH（管状圆锥左旋外螺纹）

内、外管状螺纹连接标记：分子表示内螺纹，分母表示外螺纹。

标记示例：

R_c/R1/2, R_c/R1/2LH, R_p/R1/2, R_p/R1/2LH。

2）圆柱管状螺纹。

标记示例：

G 1/2-A（圆柱管状螺纹，A级精度）。

G 1/2LH-B（圆柱管状螺纹，左旋，B级精度）。

G 1/2LH-B-40（圆柱管状螺纹，左旋，B级精度，旋合长度为40mm）。未标注旋合长度为N。

3）米制锥螺纹（牙型角为60°，锥度为1/16）：MK—用于锥螺纹；M—用于圆柱内螺纹；LH—左旋。

标记示例：

MK20×1.5（米制锥螺纹，公称直径20mm，螺距15mm）。

M20×1.5（米制圆柱内螺纹，公称直径20mm，螺距：1.5mm）。

MK20×1.5LH（米制锥螺纹，公称直径20mm，螺距1.5mm，左旋）。

外圆锥螺纹与圆柱螺纹连接标记：

MMK20×1.5，M/MK20×1.5LH。

（4）日本

1）圆柱管螺纹（按ISO规定表示）。

标记示例：

G 1/2A

G 1/2B（A或B表示外螺纹中径偏差等级）

2）ISO未规定的圆柱管螺纹标记为PF。

标记示例：

PF 1/2-A（或B）（解释同上）

PF 1/2×14（14表示每in14牙）

3）锥形管螺纹标记

标记示例：

R1/2（锥形外螺纹）

R_c1/2（锥形内螺纹）

R_p1/2（圆柱内螺纹）

以上三种的牙型角为55°，锥度为1/16。

2. 寸制螺纹底孔小径的计算（表1-1）：式中d_T为底孔直径（mm）；d为螺纹公称直径（mm）；n为每in牙数。

表1-1

螺纹公称直径/in	铸铁和纯铜	钢与黄铜
3/16~5/8	$d_T=25((d-1)/n)$	$d_T=25(d-1/n)+0.1$
3/4~11/2	$d_T=25((d-1)/n)$	$d_T=25(d-1/n)+0.2$

（三）切削计算

1. 磨削时（内外圆）工件速度选择公式：$v_w=(1/80\sim1/180)v_c\times60$（m/min），式中 v_w 为工件速度（m/min），v_c 为砂轮速度（m/s）。

2. 夹紧机构的增力：①螺旋夹紧增力比为 65~140；②偏心夹紧的增力比为 12~14，（偏心距 $e=2\sim6$mm）

3. 钻孔时间的计算。$T=(L+0.3d_0)/nf$（min），式中 T 为钻孔时间（min），d_0 为钻头直径（mm），n 为主轴转速（r/min），f 为进给量（mm/r），L 为孔深（mm）。

4. 铣带刀柄的圆球：加工时将工件装夹在分度头上，一是可将分度头扬起一个 α 角，二是可将铣头扳转一个 α 角。计算式 $\sin\alpha=D/2R$，式中 D 为柄部直径（mm），R 为圆球半径（mm）。刀盘刀尖旋转直径 $d_0=2R\cos\alpha$，式中参数含义同前。

5. 铣内球面：在立式铣床上用立铣刀或镗刀加工内球时，可将在分度头上夹持的工件与分度头一起倾斜一个 α 角，或将立铣头扳转同样一个 α 角。并将立铣刀直径在一定范围中选取。立铣刀直径 d_{0min}（最小）= $\sqrt{2RH}$（mm），d_{0max}（最大）=$2\sqrt{R^2-RH/2}$（mm），式中 R 为圆球半径，H 为球面深度（mm）。**注意：一是计算铣刀直径，二是计算 α 角。$\cos\alpha=d_0/2R$。**

四、切削加工中的小技巧

（一）车削

1. 车削薄壁管（套）的防振方法：车内孔时在外圆上缠绕上橡胶或海绵，在外圆车削时，内孔塞上木屑，以防振。刀具 $\kappa_r=90°$，r_ε 小一些。

2. 精车蜗杆用油剂 MoS_2 或 CC_{14}+煤油作切削液为好。

3. 车冷硬铸铁轧辊：刀材 YS8，$\gamma_o=0°$，$\alpha_o=8°$，$\kappa_r=15°$，$\kappa_r'=5°$，$v_c=7$m/min，$a_p=6$mm，$f=1.5$mm/r。

4. 车削轧辊：①工件材料，(a) 高镍铬合金铸铁，硬度为 85HS（62HRC），(b) 冷硬铸铁，硬度为 60HRC，(c) 钼合金铸铁，硬度为 65HS（50HRC），(d) 高镍铬冷硬铸铁，硬度为 75~85HS（55~62HRC）；②刀具材料为 YG610（93HRA，$\sigma_{bb}=1180$MPa），YG643（93HRA，$\sigma_{bb}=1470$MPa）；③刀具几何参数为 $r_o=-5°\sim0°$，$\alpha_o=4°\sim8°$，$\kappa_r=8°\sim15°$，$\kappa_r'=10°\sim15°$，$\lambda_s=-15°\sim0°$，$r_\varepsilon=1\sim1.5$mm；④切

削用量为 v_c=5~10m/min，a_p=1~4mm，f=2~3mm/r。

5. 车削缸套：①加工硼铸铁，（a）刀具材料为YG813（91.5HRA，σ_{bb}=1570MPa），（b）刀具几何参数 γ_o=0°，α_o=8°~10°，κ_r=75°，κ_r'=15°，（c）切削用量 v_c=50~70m/min，a_p=0.3~7mm，f=0.3~0.5mm/r；②加工高铬铸铁，硬度63~65HRC，（a）刀具材料为YG610（93HRA，σ_{bb}=1180MPa）、YG600（93.5HRA，σ_{bb}=980MPa），（b）刀具几何参数：γ_o=3°~5°，α_o=5°，κ_r=15°~20°，κ_r'=15°~20°，（c）切削用量：v_c=15~27m/min，a_p=0.5~1mm，f=0.21~0.41mm/r。注意：现在最好用PCBN刀具，v_c≈100m/min。

6. 使用固定顶尖时用MoS_2润滑效果好。

（二）孔和螺纹加工

1. 钻Cr12MoV深孔：用高速钢钻头，v_c=10m/min，f=0.2~0.26mm/r，这时切屑形状呈片状，当v_c>15m/min时，由于材料热导率低，切削温度高，切屑呈灰蓝色。

2. 铝件自攻螺纹的底孔直径：$d_{底} = \sqrt{\frac{1}{2}(d_{内}^2 + d_{外}^2) - 0.2109p^2}$。式中$d_{底}$为底孔直径（mm），$d_{内}$为螺纹小径（mm），$d_{外}$为螺纹大径（mm），$p$为螺距（mm）。

3. 空心丝锥：用于攻内孔螺纹时，内孔中有实台柱，不便把螺纹攻至孔底，这时就用硬质合金钻头把丝锥钻一个比台柱直径大的孔，孔深大于台柱高，即可解决问题。

4. 在玻璃上研孔：研磨棒为铸铁或纯铜，直径等于孔径。研磨剂为碳化硼或金刚石研磨膏，也可用金刚砂研磨膏，n≥500r/min，随研随抬起，以便使研磨剂进入研磨区。

5. 用圆柱立铣刀代替一般铰刀铰孔，因为立铣刀有螺旋角，γ_{oe}大，孔的质量好。（γ_{oe}为工作前角）。

6. 小孔在铰削时，采用横截面为5边形的铰刀，刃带为0.05~0.1mm，表面粗糙度Ra值可达0.4μm。

7. 浮动铰刀切削用量：①铸铁：v_c≤12m/min，a_p≥0.5mm，f=1~2mm/r，用煤油润滑；②钢件 v_c≤5m/min，a_p=0.1~0.2mm，f=0.5~1mm/r，用极压润滑油，以防止积屑瘤的产生。

8. 挤压丝锥攻螺纹时的切削液。铝件用硫化油（含S2%（质量分数）的机械油）、煤油或MoS_2；钢件用硫化油或MoS_2。挤压前的底孔直径d_w=d-0.6$\sqrt{P}$ 直径（mm），p为螺距（mm）。

（三）研磨

1. 珩磨轮的制造：按主要成分质量计算，磨料（刚玉或碳化硼）占40%，环氧树脂（6010）占20%，邻苯二甲酸二丁酯占3%，乙二胺占7%。为了便于脱模，在模具内腔涂上硅油。浇注前把环氧树脂在容器中加热到70~80℃，磨料加热到60℃，把两种材料均匀混合后，再加入邻苯二甲酸二丁酯和乙二胺，搅拌均匀，再加热到70~80℃并均匀搅拌3min左右，即可浇注到模内。浇注后放在100~120℃的恒温炉中，使之固化，约20~30min就可出模，冷却后用PCD刀具修整后即可使用。如无恒温炉，可在常温下固化，只不过时间长一些。

2. Si_3N_4 球的研磨：研磨盘的材料为铸铁圆盘，上盘平面为120°或90°的V形槽，槽深<1/2球径。下盘可以为平面，也可以是V形或R形槽；磨料为金刚石粉+碳氢化合物水溶液；球的自转速度为2000~8000r/min，压力为15~20N/单球；研磨时间为16h；研磨后球径误差为0.13μm，圆度差为0.13μm，表面粗糙度Ra值为0.014μm。

3. 磨削细长轴时砂轮的修整：为了减小径向磨削力，在修整砂轮时，先把砂轮外圆修好后，在砂轮的左右两边各留B/3宽（B为砂轮宽度），再把砂轮中部用金刚石笔修低0.2mm左右即可。

4. 液压缸或汽车缸筒珩磨时的网状纹理夹角最好为40°~60°，有利于形成润滑膜而延长零件使用寿命5倍左右。

5. 磨削钛合金时防止裂纹和烧伤的方法：①采用碳化硅陶瓷结合剂粘合的中软（K）或软（H）较软（G）的砂轮；②切削用量为 v_c=15~20m/s，a_p=0.01~0.02mm，工件速度 v_w=15~20m/min；③采用极压切削油；④采用金刚石、CBN砂轮。

6. 钛合金缸筒的珩磨：缸径ϕ20mm，磨料为GC、WA或含硫的WA，磨料粒度粗珩F80~F140，精珩F280~W40。磨料硬度粗珩为P（中硬），精珩为K（中软）。切削液为煤油。切削用量n=50~700r/min，轴向速度4m/min，压力为1~2MPa，θ 为40°~60°（θ 为网状纹理夹角）。

7. 弹性研磨：研具为软材料（聚酰胺纤维）。特点是可以防止过度切削与划伤，不改变原有尺寸和形状，自锐效果好。

8. 滚磨光整加工。

1）用途：工件表面抛光、去毛刺、倒角、去氧化皮、除锈，适用于形状复杂工件的光整加工。如钢、精密铸件、陶瓷、硬质合金等。

2）加工方法：将工件、磨具（专用多面立方体小块）、研磨剂、水放在滚筒内，控制它们在滚筒内的运动方式与时间，达到光整加工的目的。

3）运动方式：（a）普通滚筒（卧式或倾斜式）；（b）振动式（直槽、圆环、螺旋式）；（c）离心滚筒式（立式、卧式）；（d）旋流式（立式、卧式）。

4）原理与方法：（a）普通滚筒的横截面积为正六边形或正八边形，它是利用滚筒旋转时，将物料提升到一定高度后，物料在重力作用下向下滑移过程中，相互产生撞击和摩擦及挤压，使工件表面得到加工，加工效率与滚筒速度成正比，与表面粗糙度 Ra 值成反比，滚筒转速 $n=k/\sqrt{D}$（r/min），式中，K 为系数（抛光为 8~15，一般为 15~22），D 为滚筒的外接圆直径（mm）；(b) 环形振动光磨机（图1-1），它是利用电动机带动偏心块产生激振力，破坏弹簧和重力的平衡，使容器和偏心转子产生同频的振动，使物料在容器底部半圆形和环形体中做螺旋轨迹的滑移和翻滚而达到加工的目的，偏心转子转速 $n=1500~2500$r/min，特点为噪声大，加工效率高，适用于各种形状的工件的加工；(c) 离心滚筒光磨机（图1-2），当普通滚筒（卧式）的转速 $n>42.2/\sqrt{D}$ 时，由于离心力的作用，物料附在滚筒内壁上，没有滑移运动而达不到加工的目的，只有在两个以上滚筒呈行星式分布，而与轴线平行，转向相反，公转的离心力和滚筒自转的离心力合成的结果，才能使物料在筒内翻转滑移而达到加工的目的；(d) 旋流式光磨机（图1-3）。它的原理如同立式洗衣机，当旋流速度为 100m/min 时光整效率最好；(e) 立轴式光磨机（图1-4）。

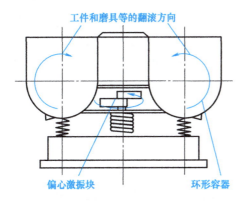

图1-1 环形振动光磨机的工作原理

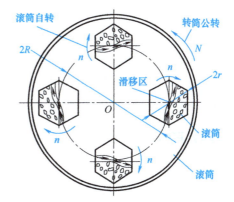

图1-2 卧式离心滚筒光磨机工作原理

5）磨料选择：(a) 形状有圆形、正方形、三角菱形和自然形；(b) 磨料种类有刚玉、碳化硅；(c) 磨料块大小为最小孔槽的 1/3~1/4；(d) 磨料粒度，一般为 F70~F150，中抛为 F180~F240，精抛为 F280~W14。

6）滚磨剂在工作中起软化、润滑、洗涤、缓冲和防锈作用。主要成分有烷基苯硫黄酸钠、磷酸三钠、三乙醇胺，可用洗衣粉、清洗剂代替。

9. 减少磨削烧伤的方法（一般磨削）：

适当提高工件速度；降低砂轮硬度和适当选用粗粒度的砂轮，或把砂轮修整粗一些；减小砂轮与工件接触面，保持砂轮锋利。

削为30~60μm，40%~60%；平面磨削为16~35μm，50%；研磨为3~7μm，12%~17%；（百分数为比基体硬化程度）。

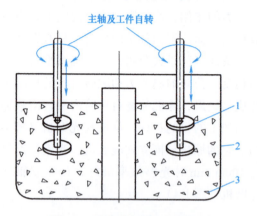

图1-3 旋流式光磨机工作原理
1—工件 2—滚筒 3—磨具

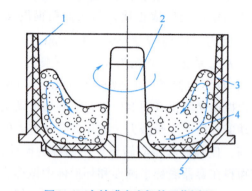

图1-4 立轴式光磨机的工作原理
1—固定筒 2—波轮 3—工件 4—磨具 5—动盘

10. 磨削时残余应力与光磨次数的关系：光磨10次，表面残余应力减少2~3倍；光磨15次，表面残余应力减少4~5倍。

11. 磨削时硬化层深度和程度：外圆磨

12. 磨削烧伤的实质：磨削高温使工件表层金相组织发生变化。如淬火钢（马氏体）在高温下向铁素体或托氏体转变。当磨削温度>650℃时，马氏体反转为奥氏体。

（四）其他

1. 硬脆材料的锯切：用电镀金刚石的线或带锯条来锯切形状复杂的工件，v_c≥20m/min。也可用电镀金刚石圆锯片切割直线面。

2. 在带锯切削液中加入粉状MoS_2，可使锯条的寿命提高5倍左右。

3. 液性塑料配方：聚氯乙烯16%（质量分数）+磷苯甲二丁二酯82%+硬脂酸钙2%+真空油适量。制法：在天平上量取以上成分，放入烧杯，升温至120~130℃，搅拌均匀，再加热20~30min，全部成乳白色胶状液体后，稍冷加入适量真空油，趁热倒入模具体内，冷却7~8h，装入滑柱，拧上螺钉使空气排出，8h后即可使用。

4. 金刚石笔无机粘接：在笔杆上钻一个直径比金刚石大的孔→锯十字口→用丙酮

或香蕉水清洗→将氧化铜和磷酸调成糊状放入孔中→把金刚石放入孔中→用工具将十字槽收口铆紧→烘烤使胶固化即可使用。

5. 粘结剂用处很广，原有的粘结剂耐热性差（200~300℃），只有无机粘结剂能耐600℃高温。现在已有耐1700℃高温的粘结剂。

6. 无模多点成形——板材成形：生产成本为传统模具费用的1%~6%，制造周期为传统的10%，适用制造单件小批量。如图1-5所示。

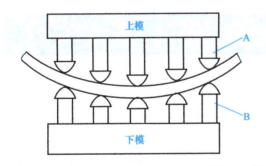

图1-5 弯板模具（A、B上下伸出的长度根据工件要求的形状可调）

7. 喷涂（焊）修复机床导轨拉伤：①焊粉成分：Si3.5%（质量分数），Cr10%，B1.5%，Fe5%，Ni余量；②焊后硬度25HRC；③工艺过程，(a)焊粉焊前150℃烘干，(b)坡口为45°，用丙酮洗净，预热温度为300~400℃，(c)在氧气压力0.4~0.5MPa，乙炔压力0.05~0.1MPa下喷涂，喷涂时不得间断，以免氧化夹渣。**喷涂高度>3~5mm，也即是必须填满，冷却后再用工具刮平即可。**

8. 用电加工的方法取断在螺纹孔内的丝锥：①通孔用线切割方法；②不通孔用电火花加工方法。如不取出工件，会使工件报废造成损失，特别是会使大型工件报废。

9. 用纯铜螺塞堵螺纹孔；防止工件的螺孔渗碳。原理是纯铜的线胀系数大而使螺孔密封，使之不能渗到碳。

10. 钢件磨损后堆焊焊条的选择：①高锰钢耐磨件堆焊时，采用D256、D266；②中碳钢或中碳合金钢件堆焊和冲击性大时采用D256、D266；冲击性中等时，采用D227、D628；冲击性小时，采用D608、D618、D628。注意的问题：①要去除母体硬化层；②焊前预热；③A302不锈钢焊条堆焊过渡层，采用小电流、短焊缝分区焊，以减小应力；④去渣堆焊；⑤趁热锤击用以消除内应力。

11. 金属钎焊接头预留间隙：①碳钢，钎料Cu0.01~0.05，H_{Cu}0.05~0.2，Ag0.05~0.2，CuZn0.1~0.5。注：钎料为金属代号。数字为间隙，单位为mm，以下相同；②不锈钢，铜0.02~0.07，铜镍0.03~0.2，铝基0.05~0.15，锰基0.04~0.15，钨铝0.05~0.2；③铜与铜，铜锌0.05~0.13，铜磷0.02~0.15，锡铅0.05~0.3，银基0.05~0.3，镉基0.05~0.2；④铝与铝、铝基0.1~0.3，锌镉0.15~0.4。

12. 用群钻钻孔时，已加工表面硬化层深度为一般钻削的1/2左右。

13. 固体润滑剂：有 MoS_2（常温）、石墨、六方氮化硼（高温润滑）。

14. 延长水基切削液寿命和使用性能的方法：①水的硬度分为三级（a）软水，浓度<100ppm（ppm=0.0001‰），（b）中硬水为100~300ppm，（c）硬水为>300ppm；②使用不纯净水（硬水）配制切削液有下列弊病，（a）切削液的质量下降，（b）使用寿命低，硬水的细菌数量在相同时间内是软水（蒸馏水）的2~3倍，易变质变臭，（c）由于变质后换的次数多，不仅增加了生产成本，也增加了操作人员的工作量，（d）腐蚀机床和工件。原因是因为硬水含钠盐和钾盐，使用软化水（去离子水）可改善上述不良现象；③改善方法，（a）在水基切削液中添加含S、P、Cl极压添加剂或添加MoS_2，（b）添加一些（少量）防腐、缓蚀剂。

15. 采用低温冷却系统：采用一种装置将液氮或压缩氮气引到切削区，来降低切削温度，可以提高刀具寿命，并使切屑脆断。

五、特种加工和高效加工

（一）高效切削

1. 现代高速切削的概念：切削速度是普通切削的5~10倍。

2. 高速切削技术国外的现状：切削钢和铸铁 v_c=500~1500m/min；切削淬火钢 v_c=100~400m/min；切削铜、铝及其合金 v_c=3000~4000m/min；用PCD刀具切削高硅铝合金 v_c=400~1500m/min。

3. 高速切削技术。

1) 高速切削的概念：v_c是普通切削 v_c的5~10倍，v_c=500~2000m/min的切削。

2) 特点：（a）v_c高，F_c可降低15%~20%，切削温度增加缓慢；（b）切削热95%~98%被切屑带走；（c）已加工表面质量可提1~2级；（d）生产效率高，可降低制造成本20%~40%，切除率可比普通切削高3~6倍；（e）机床主轴转速n=20000~60000r/min，电动机功率为14~80kW，v_f=20~100m/mim；（f）由于采用了电主轴，传动链可缩短为零，振动小。

3) 高速切削技术国外的状况：（a）加工钢和铸铁，v_c=500~1500m/min；（b）钻削 v_c=160~200m/min；（c）攻螺纹 v_c=100m/min；（d）加工淬火钢 v_c=100~400m/min；（e）加工铝合金 v_c=3000~4000m/min。

4) 国内高速切削技术的状况：（a）20世纪90年代末，国内有300万台普通机床，现在数控机床数量大增；(b) 高速切削技术所用刀具材料以硬质合金为主，现在批量制造多用PCD、CVD、PCBN、陶瓷刀具，v_c比过去提高了几倍，但大多数的v_c为100~200m/min。

5) 国外高速切削的刀具材料：PCD、CVD、PCBN、陶瓷、金属陶瓷（TiC基硬质合金YN05、YN10)、涂层硬质合金、超细晶粒硬质合金、粉末冶金高速钢和涂层高速钢。这些刀具材料我国都有，性能不低于国外，有的牌号还优于国外，刀具设计制造水平也不比国外差，而且品种齐备。

4. 超高磨削的概念：普通磨削v_c≤35m/s，高速磨削v_c>50m/s，超高磨削v_c为150m/s。

5. 精细加工的概念：①精密加工技术是指加工精度在0.1~1μm，表面粗糙度Ra值为0.02~0.1μm的加工技术；②超精密加工技术是指加工精度小于0.1μm的加工技术，表面粗糙度Ra值<0.01μm；③细微加工技术是指小尺寸零件的加工技术。

（二）特种加工

1. 特种加工的特点：除传统加工外的各种新型加工技术总称。①不是依靠机械能，而是依靠其他能量方式（电、化学、光、声、热）去除金属材料；②工具的硬度低于被加工工件材料的硬度；③在加工过程中，工具与被加工材料之间不存在明显的机械切削力；④适合于各种性能（软、硬、韧、金属、非金属）的材料和复杂、细微、低刚度的零件。

2. 特种加工的精度。

1) 电火花加工：能加工导电的各种难切削材料、金属材料和复杂形状的轴孔、缝，加工精度可达0.01~0.05mm，Ra值可达0.02μm。

2) 电子束加工：能加工脆性、韧性、导体、半导体、非导体材料和易变形的零件及深孔零件。电子束径可达0.01μm。特点：加工在真空中进行，加工表面不氧化、污染小、易于实现自动化。可以加工ϕ3μm的小孔，还可以利用电子束在磁场中偏转的原理，来加工细微弯孔。

3) 离子束加工：在真空条件下，将氩、氪、氙等惰性气体，通过离子源产生离子束，经加速、集束和聚焦后射向被加工表面，以实现各种加工。根据所用的物理效应及加工目的不同，离子束加工又分为：①离子束溅射去除加工；②离子束溅射镀膜加工；③离子束注入加工；④离子束曝光。加工特点：①加工精度高，表面质量好，精度可达0.001μm（纳米级），离子镀膜可达0.01μm；②加工范围广，可在真空条件下加工易氧化的金属、合金、半导体和脆性材料；③加工方法丰富，有去除、镀膜、注入、曝光等类型的加工；④控制性好，易于实现自动化。

4）激光加工：20世纪中后期发展起来的新兴技术，现在已广泛应用，用于打孔、切割、微调、动平衡、刻蚀、固体相变、合金化、涂敷、熔凝、焊接、激光存储等，适用于各种材料，其加工精度可达细微加工的水平。特点：①加工精度高，激光束的光斑直径可达1μm；②它是非接触加工，无须机械力，加工变形小而精度高；③加工材料广泛，适于金属、非金属的加工。如陶瓷、宝石、玻璃、金刚石、硬质合金、石英等各种难切削材料；④加工性能好，不需真空，环境要求不高，还可以透过玻璃进行加工。

5）磨粒流加工：磨粒流加工，是一种光整表面的加工。磨粒流加工是20世纪70年代发展起来的新工艺，分为超声振动磨粒流加工、磁磨粒流加工、实变场控制电化学磨粒流加工。加工精度可达0.01μm，表面粗糙度Ra值可达0.005μm，平面度可达0.1μm。

6）电化学加工：电化学加工可分为从工件上去金属的电解加工和向工件表面上沉积金属的电镀、涂覆加工两大类工艺。由于电化学的加工精度低，在精密加工时，必须和机械加工相结合，如电解磨削、电解抛光等。其表面粗糙度Ra值可达0.1~0.2μm。

7）超声加工：超声加工是通过工具端面做超声频振动，利用磨料悬浮液加工硬脆材料的一种成形加工方法。如超声磨削、超声电解加工、超声电火花。特点：切削力和切削热很小，不会有变质层，适用于加工薄壁、窄缝、低刚度的零件。

3. 电火花加工电极的改进：在电加工长锥孔或大的型腔时，原来的电极用工作液时，只能从电极的外表间隙中流入，积炭存于孔底，电蚀效率低，表面粗糙度Ra值大（3.2μm），并产生麻点。改进后，在电极内部打孔至电极前端，工作液从电极上部进入，先流至电极前端，在工作液压力下，再从前端和间隙（工件与电极间隙）返回到工件上部外，并冲出积炭。如果是大电极，可钻很多孔至前端（底部），这样加工效率可提高一倍以上，表面粗糙度Ra值可达0.8μm，也无麻点。

4. 高硅铸铝表面电沉积Re-Ni-W-P-SiC复合陶瓷镀层：目前国内对高硅铸铝常用的表面强化处理，是采用硬质阳极氧化工艺，处理后的硬度250~400HV（24.5~42HRC），它原有的硬度只有50HBW，表面膜的耐蚀性能差。采用Re-Ni-W-P-SiC复合陶瓷镀层后，其表面膜的硬度可达650~800HV（58~68HRC），再经400℃热处理后，硬度可达1200~1350HV（73~74HRC），而且吸附力很强。

5. QT600-3铸件化学镀Ni-P合金：①经济性方面，（a）比镀铬耐蚀性高60%，工艺成本低150%，（b）比喷漆耐蚀性高40%，工艺成本低250%，（c）比氮化耐蚀性高20%，工艺成本低200%；②寿命方面，镀液寿命长10个周期；③效率方面，化学镀效率12.5μm/h。

6. 典型材料离子注入后的硬度（表1-2）。

表1-2

材料	原始硬度(HV)	注入后的硬度(HV)
高速钢	700~800	1200
粉末冶金高速钢	750~850	1300
高碳高铬冷作模具钢	400~450	1000
轴承钢	750	900
镜面塑料模具钢	400~700	1000
硬质合金（进口细晶）	2300	3000
硬质合金	≤1700	2300

注入元素与基体原子直接结合或混合，厚度1μm。由于在摩擦过程中的热效应，注入的原子不断内迁移，这种现象称为内迁移效应，其迁移的深度可达100μm以上。一般注入温度在300℃以下。

7. 纳米非晶金刚石镀膜技术：该技术是我国陕西百纳科技发展公司开发的镀膜技术，非晶金刚石膜的硬度达8000HV，摩擦系数为0.08，沉积温度<80℃。

8. 用电熔爆加工各种导电难切削材料的特点：工件材料金相组织不变，效率高（10kg/h），非接触加工，加工变形小和不产生裂纹，工件表面平整（表面粗糙度Ra值可达25μm），耗电少（1kg<3kW·h）。适于加工Co、Ni、Fe、Mo基合金、钛合金、合金钢、WC合金、金属陶瓷等。

9. 干切及其应用：①湿切的特点，由于有冷切润滑液的作用，具有可以减小摩擦，从而降低切削力和切削热，延长刀具寿命，保证已加工表面质量等优点，但由于切削液的应用污染了土地、空气、破坏了生态环境，损害了工人身体健康，加大了生产成本（约占加工成本的7%~17%），因此推广采用干切技术，可以避免上述缺点。②干切的条件，（a）采用优良的刀具材料，如PCD、CVD、PCBN、陶瓷、TiC基硬质合金等，（b）对刀具进行涂层，硬涂层有TiC、TiN、Al_2O_3、TiAlN、TiAlSi、金刚石，软涂层有MoS_2，（c）优化刀具结构，有热管刀具，自冷刀具，（d）对刀具采用冷却系统，如液氮、压缩空气，（e）采用激光加热切削，如铣削陶瓷时，F_c降低70%，刀具磨损量降低80%，铣钢材时，F_c下降30%~70%，（f）采用准干切削，用压缩空气+极少的润滑液→采用外喷法或内喷法（在刀具中用油孔通道至切削区）。

10. 新型切削方式的概念：新型切削方式就是复合切削加工技术，它是采用机械、声、电、热、光等的复合加工，可以达到优质高效和解决难加工材料的切削及特种加工问题。

11. 采用漏磁软垫平磨金属（钢）薄片：漏磁软垫为有孔（多孔）厚1mm的软橡胶垫。方法是把冲有孔的软橡胶垫在磁盘和工件之间，反复翻面磨几次，再放在磁盘上进行精磨，其平面度可达0.005mm左右。

12. 光整加工技术：以提高零件表面质量为目的的各种加工方法的加工技术，统称为光整加工技术。据有关资料介绍，美国此项费用占加工成本的10%~20%，日本所占比例与此差不多。①按光整加工的目的分，可分为（a）以降低表面粗糙度值为目的的光磨、研磨、珩磨和抛光，(b) 以改善零件表面物理和力学性能为目的的滚压、挤压、喷丸、金刚石（宝石）压光等，(c) 以去毛刺、飞边、棱边、倒圆为目的的喷砂、高温爆炸和滚磨及动力刷加工等；②按加工能量提供的方法磨、滚压、挤压、研、珩、抛；③按磨料状态，非自由磨具（磨、珩）和自由磨具（液体、滚磨、研、抛等）；④化学法：腐蚀；⑤电化学法：电解+化学腐蚀。

13. 磁力研磨光整加工：采用磁性磨料（铁粉+氧化铝粉等，按4∶1比例混合烧结后粉碎为50μm微粉），在磁场中对旋转的工件进行研磨。工艺参数：①磨料粒度 F80~W50；②工件转速 n=600~800r/min；③振动频率为1.2~1.5Hz；④磁感强度为 B=1.2T；⑤加工间隙为1~1.5mm；⑥光整时间为8~10s；⑦表面粗糙度值 Ra<0.2μm。

14. 电火花铣削加工：克服了传统的成形电极难以制造、电极消耗与补偿的难题。而是采用简单棒状电极，适用于CAD（数控）技术加工成形工件（模具）。它是采用分层成形加工。

15. 模具的制造方法：①传统方法，铣削、数控铣削、成形铣削、电火花加工、线切割加工、铸造加工、电解加工、电铸加工、压力加工；②间接快速加工，中低熔点合金（锌基合金）快速制模技术、电铸、喷涂、沉积技术制造、铝颗粒增强环氧树脂、硅橡胶和硅橡胶陶瓷橡皮模、精密快速铸造模、粉末冶金快速模；③直接快速制造，形状沉积制造（SDM）工艺、AIM快速制造工艺、激光选区烧结工艺（S2S）、三维打印（3D-P）工艺、LENS工艺。

16. 脉冲电化学去毛刺：①传统去工件毛刺的方法，刮刀刮削、锉刀锉削、磨石、砂布、钢丝刷轮、滚磨、振动滚磨、喷砂等机械方法去除，还有化学、高温、磨料水射流、磨粒挤压等方法；②脉冲电化学工艺：采用脉冲电源，工件接脉冲电源正极，工件毛刺部位的工具电极接脉冲电源负极，工件阳极与工具负极保持较小的间隙，且工具负极无进给。根据电场理论，在毛刺凸出部位的电荷集中，在无毛刺的凹处的电荷较少，造成电力线分布不均匀。凸出部位电荷集中，电流密度高，金属去除就多，反之则少。由于毛刺部位通过的电流密度远大于工件阳极其他部位，因此毛刺就溶解去除。工艺参数：电解液为硝酸钠溶液12%（质量分数），加工间隙为0.1mm，脉冲宽度为200μm，脉冲频率为1000Hz、加工电流为5A，电压为15V，加工时间为6s，加工后形成0.1mm圆角，表面粗糙度 Ra 值为1.6um。此工艺最适合于内孔、小孔内（$\phi<0.5mm$）的毛刺去除。

17. 采用压缩空气+极少量润滑液的冷却润滑：这种润滑方式既有润滑又有冷却作用，可以提高刀具寿命 T 和 v_c。所用切削液是湿切的1/6000~1/30000，有利于环境保护。

18. 采用激光辅助加热切削：用激光对切削区预热使工件温度升高，硬度下降，减小刀具摩擦，提高工件材料的可加工性。如用来铣削陶瓷，则 F_c 下降70%，T 提高80%；铣削钢材时，F_c 下降30%~70%。

第二章 机械加工技术经验

一条简明的技术经验,往往是一个字、几个字或一句话,它包含着很深的技术理论,虽看似简单、微不足道,但在生产技术中的作用却很大。技术经验因地制宜运用后,可使生产中的难题得到解决,其直接效益可以是几百元、几千元或几万元以上的,不可忽视。一个人技术水平的高低,关键在于所掌握技术基础理论、技术信息和技术经验的多少,更在于对其细微之处的把握。本章记叙的经验都是经过验证的一手的技术资料。

一、金属切削过程

要理解金属切削过程就要了解金属切削原理。它包括切削变形、切屑变形、积屑瘤、切削力、切削热和切削温度、刀具磨损与刀具寿命、工件材料的切削加工性、切削液、已加工表面质量、刀具材料和刀具几何参数的选择、切削用量的选择等。

(一)切削刀具

1. 刀具材料有五大类:高速钢、硬质合金、陶瓷、立方碳化硼(PCBN)和金刚石(天然、PCD、CVD),这些材料我国全有,有不少牌号远优于国外(YS2、YS8、YG813、YD15)。按刀具材料顺序后一种代替前一种,v_c 将提高四倍,后两种的刀具寿命是前面的几十到一百多倍。

2. 用高性能高速钢代替 W18 高速钢,刀具寿命可提高 3~4 倍。W6Mo5Cr4V2Al(501、M2Al)是我国最好的高速钢(硬度 67~69HRC、抗弯强度 σ_{bb}=3500~3800MPa),可以代替其他所有的高速钢,包括美国的 M42,而价格比含 Co 的高速钢低将近一半,应大力推广应用。

3. 金刚石和 PCBN 是非金属,切削相应材料时摩擦系数比别的材料低一半多(其他材料 0.3~0.6,它为 0.1~0.3),不易产生积屑瘤,表面质量好,不仅 v_c 高几倍,刀具寿命也极高。它的价格比硬质合金贵一点,不到外国硬质合金刀片的一半。

4. 多刃刀具选择 v_f 时,首先选每齿进给量 f_z,再根据刀具齿数 z,和刀具转速 n,三者相乘($v_f=f_z \times z \times n$)选择的 v_f 才合理。

5. 小直径立铣刀,最好把刃带刃磨成最小或不要刃带,以免径向切削力大,使刀具折断。定制刀具时注意。

6. 刀具不管多硬而且耐磨，在使用中都会有磨损，这是正常现象。必须知道刀具粗、精加工中刀具磨损限度和切削过程中刀具达到磨损限度后的形貌，及时换刀和磨刀，不然会造成严重后果。

7. 使用PCBN刀具不能用水基切削液，以免加剧磨损，一般采用干切或用切削油。

8. 切削纯镍不能用硬质合金刀具，因为Ni和Co发生严重的亲和与黏结，100%造成失败，只能用高速钢和PCBN刀具。

9. 在选择刀具材料时，应避免刀具材料和工件材料的合金元素相同，以避免发生亲和作用而造成黏结磨损。

10. 在封闭切削时，如铣T形槽、薄锯片铣刀锯切时，应采用疏齿、大γ、大容屑槽铣刀，不仅可几倍提高v_f，而且可防打刀和刀具折断。

11. 用刀具切削45钢的v_c，高速钢刀具为30m/min，硬质合金刀具为100m/min，必须记住。可用它的相对切削加工性$K_r=1$，来选其他各种$K_r>1$和$K_r<1$工件材料的v_c，十分好记也合理，很实用。如用高速钢刀具时，用30m/min乘此材料的K_r。用硬质合金刀具时，$v_c=100\text{m/min}\times K_r$。

12. 刀具标注角度与刀具工作角度紧密相关，不可忽视。刀具标注角度必须满足刀具工作角度的合理数值，否则就不能顺利切削加工。（如螺纹、用镗杆镗孔……）

$\tan\theta=h/\sqrt{(D/2)^2-h^2}$，内孔$\gamma_o+\theta$，$\alpha_o-\theta$（图2-1）。式中，$h$为切削刃高于工件中心的高度（mm）。

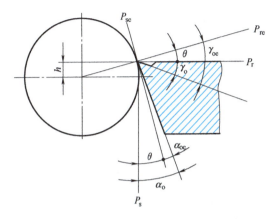

图2-1 刀具安装高低对前、后角的影响

13. 刀具的前角可在-30°~55°之间变化，以适应各种极软至极硬工件材料的切削。刀具后角只有6°~15°的变化，弹性模量E的大小，E小则后角大，但也有例外，硬脆金属与非金属的切削，α_o大（$\alpha_o=12°~15°$），以防止挤碎工件。

14. 刀具γ_o大1°，切削力降低1%，切削热也相应减少，切削（屑）变形也减小。

15. 刃倾角不论是正或负，都能增大刀具的工作前角。（$\gamma_o=15°$时、$\lambda_s=75°$、$\gamma_{oe}=70°$）

16. 3个45°车刀（κ_r、γ_o和λ_s都为45°，λ_s为-45°）断续切削铸件效果很好。

17. 切塑性材料时，刀具断屑槽的宽度B_n和槽底半径R_n与f成正比。当不断屑时适

当增大 f 和降低 v_c，即可断屑。

18. 涂层硬质合金具有通用性，可以加工各种材料。最好选用 TiAlN（硬度 3500HV）、TiAlSi（硬度 4000HV）、金刚石（硬度 10000HV）涂层。

19. 陶瓷刀具：非金属，硬度和耐热性高于硬质合金，用于切削各种铸铁、淬火钢，v_c 可提高几倍。

20. 天然金刚石刀具：主要用于精密和超精密切削（尺寸可达 0.02μm，表面粗糙度 Ra 值可达 0.006μm）。人造 PCD、CVD 刀具用于切削有色金属和非金属（砂轮、陶瓷、硬质合金、复合材料、宝石、石料……），不仅效率高，刀具寿命也极高，价格便宜，表面粗糙度 Ra 值可达 0.05μm。

21. 人造金刚石铰刀：主要用于铰铸铁高精度孔，尺寸精度可达 μm，表面粗糙度 Ra 值可达 0.1μm 以下，一个铰刀可铰削一万个左右的孔，而且圆柱度好。

22. 立方氮化硼刀具：刀具材料中耐热性最高的（1400~1500℃），硬度为 8000~9000HV，可高速切削淬火钢、各种铸铁、高温合金、热喷涂层、复合材料……刀具寿命极高，价格便宜。

23. 由于刀具材料耐热性的不同，刀具磨损的主要因素是切削温度（即 v_c），不同工件材料的 v_c 相差几倍至十几倍。千万不能用切削 45 钢的 v_c 去切削难切削材料。要熟知影响切削温度的材料和降低（改善）切削温度的措施。

24. 在切削过程中刀具磨损是一种正常现象。硬度高的刀具材料耐磨性高，刀具寿命就高，可以相差几倍，几十倍，上百倍。实践证明，刀具材料的硬度相差一个 HRC 或 HRA，刀具寿命相差 1 倍。超硬刀具材料就比硬质合金刀具寿命高出几十至上百倍。

25. 磨钝标准（磨损限度）VB：规定刀具后刀面磨损的宽度，反映刀具的锋利程度。超过此宽度就必须换刀和磨刀，否则会造成加工恶化。切削硬化现象严重的材料，为了减轻硬化，VB 值应比切削一般材料时小一半。

26. 防止刀具破损的措施：减小 κ_r、κ_r'，采用负 λ_s，增大 γ_ε，增磨 γ_{o1} 和负倒棱宽度 b_γ，使切入切出平稳。

27. 断续切削采用小于 90° 的 κ_r，负的 λ_s，以便切入切出平稳，不打坏刀尖。工件刚度差时加大 κ_r，减小 γ_ε，λ_s 为正。

28. 用刀具材料代替法：不仅可提高 v_c，也提高刀具寿命 T。用高性能高速钢代替 W18，v_c 提高 30%，T 提高 4 倍；用硬质合金代替高速钢，v_c 提高 4 倍，T 也高许多倍；用 PCBN、PCD、CVD 代替硬质合金，v_c 又可提高几倍，T 可提高几十至 100 多倍；用陶瓷代替硬质合金，v_c 可提高 3 倍，T 也大幅度提高。这几倍十几倍的提高参数，则加工效率就高了多倍，成本也就下降了多倍，是不需投入，便提高的效率，这都是这几十年在厂内外生产实践中所检验了的，受到广大工人的热情欢迎，因为他们从效率的提高中可以多挣到钱。

29．在现代的数控机床上，由于传动链短、转速高、振动很小、进给小、运转平稳，也可以用金刚石刀具（天然、PCD、CVD）进行精密切削，表面粗糙度Ra值可到0.05μm以下，尺寸公差可达0.001mm左右。

30．低速刀具多元共渗（C、N、S、B、O）可提高高速钢拉刀寿命5倍以上，而多元共渗只需花1/10刀具购买的费用。

31．切削铸铁、淬火钢时，采用PCBN刀具最好，其次是陶瓷刀具，v_c可提高（比硬质合金）4倍以上，T高几十倍，质量也好，特别是在大长度工件车削时，刀具T高，圆柱度好。

32．PCD刀具在汽车制造厂（上海大众、一汽大众）广泛应用，用于加工ZVQS发动机，两家企业每年各用价值100万元以上的刀具。因为它不与铝合金发生黏结，刀具寿命是硬质合金的几十到一百多倍，切削硅铝合金的v_c可达1000m/min以上。瓦尔特集团的刀具推销人员告诉作者他们刀具的v_c可达2000m/min，但刀具加工中破损了，让作者帮忙想办法。作者告诉他把v_c降至1000m/min左右，并把刀具刃口钝化（刀具刃口钝圆半径ρ<0.05~0.1mm）。瓦尔特集团工作人员按照作者所提方法操作后，问题基本解决。

33．在大气中焊PCD刀具（片），刀体加热至770~830℃，（樱红色），刀片加热至650~680℃，（暗红色），用银焊，102钎焊剂。作者在1982年用氧-乙炔铜焊PCD刀具（片）而成功，方法是先将刀体加热为樱红色，在刀槽中加入焊剂后，把PCD刀片放入，再用氧-乙炔焰吹刀杆反侧面（不能直接加热刀片），冷却后即可使用。

34．PCD、CVD刀具磨削是个大问题，可采用直径ϕ125~ϕ200mm，工作层宽25mm的碗形金刚石砂轮、粒度F180~F240，浓度为150%（6.6Ct/cm³）的砂轮来磨削，也可请工具厂来磨削，费用很少。

35．用CCl_4+煤油钻模具钢小孔，刀具寿命可提高几倍。也可用于精车蜗杆，效果也十分好。

36．切削加工纯镍时，只能用高速钢和PCBN刀具，不能用硬质合金刀具，因Ni和Co会发生严重的亲和作用黏结而造成100%失败。

37．用麻花钻头可以改磨成非标准锥孔铰刀，内球面钻头（但是要把对称刃磨在一条直线上（基面））也可改磨成铣刀（球头铣刀）。

38．修磨回转顶尖（图2-2）。回转顶尖在加工轴类时应用最频繁，它的60°锥面易损坏，又是淬过火的，修磨时，由于它的圆柱部分很短而且转动，不便用别的夹具装夹，有时采用焊、粘等方法固定。作者采用把锥柄插入磨床头架锥孔内，逆时针扳转30°，在圆柱上绕上小线，用双手各拉一头，拉动时使顶尖旋转，进行磨削，只需2~3min即可修磨好，因为基准重合，精度高，这些年为全厂修磨了几百个回转顶尖。

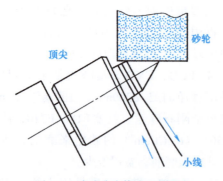

图2-2 在磨床上修磨回转顶尖

39. 把一般滚齿机所用心轴上端的用轴套等定位，改为用顶尖（轴向可调）定位，不但可以加工带孔齿轮，也可加工齿轮轴。

40. 插削内齿轮时，可自制少齿数插齿刀。方法是先车一个高速钢齿坯，滚成直齿轮，装在心轴上用相应的齿轮铣刀铣出后角（但不要铣到前刀面，用钳工锉刀把没有后角的部分锉好后角），送去淬火，淬火后装在心轴上磨插刀的前刀面（插在外圆磨头架锥孔内，逆时针扳转85°），即可使用（材料m5，共插了75个内齿轮）。

41. 不用鸡心夹头和拨盘的快装心轴（图2-3），用于内花键、圆柱孔拉削后的车削与磨削小锥度心轴。

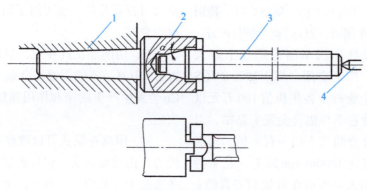

图2-3 快装心轴
1—主轴 2—拨头 3—心轴 4—尾座顶尖

42. 自制各种成形刀具（内外球面、小长锥孔、复合内孔车、铣、钻刀具及低硬度（尼龙、塑料、有机玻璃、一般铸铜和铝……材料加工刀具），先用工具钢、合金工具钢、高速钢乃至45钢（用于尼龙、塑料、有机玻璃的加工）采用车和铣成形，加工出后角（铣削或用锉），淬火后使用，以避免刃磨困难。适用于小批生产。

43. 自制推刀加工双键孔、小长孔（ϕ18mm×200mm）和宽5mm对称双键。

44. 自制大立车附加刀架，车削大立车圆形导轨，因为立车刀架不可扳转70°。

45. 6m龙门刨铣床专用铣头，用于铣削大导轨磨床45°导轨面油槽。

46. 用PCD刀片做成工具修整磨刀机砂轮又快、又好、又省钱。

47. 高速钢铰刀直径小了，可以用挤压方法使直径增大0.1mm左右，方法简单。

48. 用成形刀车渐开线蜗杆：一般常用蜗杆是阿基米德蜗杆，在轴平面的齿形是直线。而渐开线蜗杆，在轴向平面内齿形是曲线。要想车出来就要采用样板刀来车削，我这生只车削过一次，是在日本进口的剃齿机上的车削的，因使用磨损后而送来车蜗杆的，车削后使用情况良好。方法是用未磨损处作样板，来磨出成形刀。

（二）切削参数

1. 机械加工切削条件三要素是机床、工件和刀具（刀具包括刀具材料、刀具几何参数和刀具结构），这三个条件中前两个一般是不变的，只有刀具是灵活多变的，也决定了加工的成败。合理选用刀具不仅加工效率可提高几倍以上，质量也好，因此要因地制宜地选用。

2. 要充分利用切削用量三要素（v_c、a_p、f、f_z、v_f）合理选择的意义，合理选会使加工效率高，反之则效率会低几倍至几十倍。

3. v_c选定后，计算转速n，$n=v_c\times1000/(\pi d)\approx(v_c\times3/d)\times100$，非常适用于现场，并可以口算。

4. 在粗加工时，根据机床功率（kW）和工件刚度，尽可能选用合理的v_c和大的a_p和f，以提高切除量，也即是粗快精细的加工法。

5. 切削层面积$A_D=h_Db_D=fa_p$是计算主切削力的依据，主切削力$F_c=A_D\times K_c$（单位切削力）。

6. 切削过程中的切削力和切削热的来源是内摩擦和外摩擦。塑性大、韧性大则内摩擦就大，三个变形区的变形也大，切屑变形大，就易断屑。

7. 切削一般塑性金属时，在v_c>5~80m/min范围内，都可能产生积屑瘤，在300℃时长到最大，v_c>100m/min就可消失。从小长大到脱落瞬间的循环，破坏了工件表面粗糙度，使工件表面质量变差，所以在精加工应防止产生积屑瘤。防止措施：一是使切削速度v_c<5m/min或v_c>100m/min；二是采用润滑性能好的切削液。

8. 切削加工硬化是切削塑性金属材料普

遍存在的一种现象，只不过不同材料硬化程度和深度不同而已。一般钢材硬化程度比基体硬度高30%~50%左右，硬化层深度为0.03mm左右。可是奥氏体材料（奥氏体型不锈钢、高温合金、高锰钢）的硬化程度比基体硬度高140%~220%，深度为0.1~0.3mm，切削极为困难。所以在切削过程中，刀具不要在切削表面停留，以免加剧硬化。a_p、f最好大于硬化层深度，刀具的磨钝标准小于一般材料。

9. 在切削加工弱刚度工件（细长轴和杆、薄壁工件）时，减小背向力F_p的措施是采用大κ_r、小r_ε、正λ_s。

10. 计算切削力时，采用各种材料的单位切削力。$F_c=K_cA_D=K_ca_pf$。

11. 计算切削功率的经验公式P_c，$P_c=F_c·v_c/6120$（kW）。

12. 选用合理的切削图形和切削刀具，车削大丝杠又快又好（即径向切削，分层用不同梯形螺纹车刀的宽度）。

13. 切削热的高低和工件材料的热导率有直接关系。工件材料热导率高，切屑带走的热量就多，切削区的温度就低，允许的v_c就高。反之带走的热量则少，v_c则变低。

14. 有的非金属材料软化点低，如尼龙1010为180~228℃。聚苯乙烯为95℃。有机玻璃为60℃。在切削时，若v_c太高，则材料变软会产生涂抹现象，已加工表面变差，千万别以为材料软就可高速切削。

15. 重视切削用量的合理选择。要根据工件和刀具材料的性能、加工阶段来选择的。如合理组合，就可达到合理的加工效率，否则只能是不但不会提高加工质量，还会降低加工效率。

16. 切削用量的合理与否，关系到切削效率、质量与成本的高低，这些基本数据在各种手册、书中有推荐，要因地制宜地选用。切削用量三要素提高多少，它们相加就提高多少倍，就等于一台机床一人可加工多人的工件，v_c受到限制，可以提高a_p，为了保证表面粗糙度Ra值，可增大r_ε或修光刃，可几倍提高f（v_f）从而提高加工效率。刀具（片）涂层后，并不是绝对不可修磨的，因为效率和材料的变化，可以进行修磨（如修磨刀尖圆弧半径r_ε、修光刃或负倒棱等）。

17. 作为一个技术工人，特别是具有高级职称的技术工人，在切削或磨削一种材料时，一定要知道材料的性能（物理、力学和化学性能）和切削特点，才能以此为基础去选择切削条件（刀具材料、刀具几何参数、切削用量、切削液和操作（编程）注意的问题），否则生产中就会出现问题。

（三）工件材料

1. 工件材料的切削加工性，是指工件材料在切削加工时的难易程度，易切削材料加工性好，难切削材料加工时就困难。它不仅取决于材料的成分和配比、性能（物理、力学、化学）和状态（变形、铸造和热处理），也取决于切削条件（机床、刀材、刀具几何参数、切削用量、切削液和操作及编程技术）。可以肯定的一点是，所有的难切削材料都可以切削加工，只不过条件和工艺不同而已。

2. 工件材料的相对切削加工性，在现有生产中很实用。它是将45钢的相对切削加工性设为$K_r=1$，高速钢刀具v_c为30m/min，硬质合金刀具为v_c为100m/min，用其他每种工件材料的相对切削加工性K_r，分别乘以这两种刀具材料的v_c，结果就是这两种刀具材料分别切削此种材料的v_c了。在实际工作中，变形材料取K_r大值，铸造取小值，或取K_r平均值。

3. 材料的化学成分和配比是影响材料的物理、力学、热处理性能和切削加工性的根本因素。只要熟知各元素对材料性能的影响，就可知材料切削加工的易或难了，这是选择切削条件的根本依据。

4. 材料的弹性模量E的大小对切削加工也产生直接影响，E大则变形小，E小则变形大，弹性恢复大，一般材料E为210000MPa，软橡胶的E为1.9~3.9MPa，钼的E为40000MPa，金刚石的E为900000MPa，软而E小的软橡胶、软塑料，为了减少后刀面的摩擦和磨损，取$\alpha_o=15°$左右，但高硬度和脆性材料，$\gamma_o=$负值，$\kappa_r<$60°，$\alpha_o=15°$，以防止挤碎工件，如陶瓷、硬质合金等。

5. 切削液的作用是冷却、润滑、清洗和防锈。一般的切削液（油和水基）在200℃将失去润滑能力，即润滑膜消失。可在切削液中添加含S、P、Cl添加剂的乳化液或切削油，就可在600~1000℃高温、1470~1960MPa压力下，还存在润滑膜，而且渗透性好，容易进入切削区，以减小外摩擦，所以在现代数控机床广泛采用。钢与钢的摩擦系数是0.3~0.6，可加入切削液后降为0.05。国外进口的机床（包括磨床）都采用添加含S、P、Cl的极压添加剂的切削液，以提高刀具寿命和工件表面质量。

6. 对特难攻螺纹的奥氏体不锈钢、高温合金、钛合金等材料，采用MoS_2、石墨+植物油、猪油+植物油等作切削液，攻螺纹效果好。

7. 切削液在一般的情况下，采用什么种类会被误认为无所谓。可在一些材料和加工阶段上十分重要，决定了加工的成败。如切削力、积屑瘤、鳞刺、刀具寿命和难切削材料等，都对切削液有明确的要求。

8. 工件材料性能不同、刀具材料性能不同，则刀具的几何参数也不同。要熟知刀具六大角度的作用与选择原则，只有合理的选择刀具几何参数，才能取得最佳的切削效果。如γ_o、α_o、α_o'、κ_r、κ_r'、λ_s、r_ε等。现在数控机床都使用的可转位涂层刀具，对各种材料有一定通用性，但对硬度高的工件材料，正γ的刀片就不适用，很容易打刀，在没有别的刀片情况下，可把切削刃磨出一定宽度的负倒棱使用。

9. 适当时候可要冲破刀具材料和工件材料相应的禁区：金刚石刀具在一般情况下不能用来切削黑色金属，但在切削条件改变后，也可以切削黑色金属而且效果很好。如用电镀金刚石铰刀用于加工铸铁液压件的阀孔效果就很好，已应用了40年以上，一把铰刀可铰一万多个阀孔（铸铁），表面粗糙度 Ra 值可达 $0.1\mu m$ 以下，圆柱度也好。在没有CBN砂轮时，用金刚石砂轮（电镀）来磨削淬火钢小孔，效果也很好。

（四）工件表面质量

1. 工件表面质量包括工件表面粗糙度、表面硬度、表面残余应力的分布、表面纹理等。随着科技的进步，对工件表面质量的要求越来越高，它直接影响到工件的使用性能与寿命。一般切削加工表面粗糙度 Ra 值可达 $1.6\sim 3.2\mu m$，这时可采用珩、研、抛和超精等工艺就可将表面粗糙度 Ra 值降到 $0.05\mu m$ 以下。

2. 工件加工后的表面纹理，对工件的润滑和使用影响很大。各种加工工艺方法形成的表面纹理不同，有螺旋、往复、摆线、正弦曲线、网状、颗粒、多向、圆形等。但必须防止垂直于轴线的纹理，以防应力集中而断裂。如轴、火车车轴等，不允许有垂直于轴线的刀纹，否则为废品。表面粗糙度 Ra 值是表面纹理中的一项（1987年机械工业出版社翻译的英国《表面纹理探索》中有述）。

3. 提高工件表面质量的工艺有精密和超精密切削、磨削、珩磨、研磨、滚压、挤压、抛光、超精加工。还有许多表面工程（如镀各种金属、渗化学元素、喷涂、喷漆）可以提高工件表面质量。这当中有许多工艺现代年轻的技术工人都不知和不用了，片面地认为有数控机床就可以代替一切。数控机床用一般刀具切削，最高只能达到表面粗糙度 Ra 值 $1.6\mu m$，如果要高效达到表面粗糙度 Ra 值 $1.6\mu m$ 以下，可增加一工步——珩磨或滚压、抛光、超精即可，工具简便实用效率高。

4. 滚压加工是工件表面光整和强化加工的高效方法，不但使工件表面粗糙度值从 $6.3\mu m$ 降到 $1.6\mu m$ 以下，还可使工件表面硬度提高50%以上，从而广泛用于各种活塞杆（在车和磨削后进行）的加工，以提高耐磨性和光滑程度，同时还产生了有利于提高疲劳强度的压应力（拉应力有损于疲劳强度）。

5. 表面粗糙度 Ra 值是切削后残留面积的高度平均值，它和刀具 κ_r、κ_r'、r_ε 及进给量 f 有关。残留面积高度 $H=f^2/8r_\varepsilon$，当加工时 f 和 Ra 确定后，需要选择 r_ε，$r_\varepsilon=f^2/8H$，一般

选择 $r_\varepsilon=(3\sim4)f$。κ_r、κ_r' 小 r_ε 大则 H 就小；当刀具有修光刃时（$b_\varepsilon>f$），H 就更小。

二、机械加工工艺

（一）钻孔

1. 钻孔时，一定要把麻花钻的顶角适当加大（$2\phi=135°\sim140°$），有利于排屑，并把钻头的横刃 b 磨窄，$b=(0.04\sim0.06)d_0$，可以减小进给力。$d_0=13\sim70\text{mm}$ 的钻头，最好刃磨成三尖七刃群钻型，排屑好、散热好，F_c 小。

2. 钻长径比为几十至 100 以上深孔时，一定要先用中心钻钻一个定位孔，直径等于或小于孔径。第二步用等于钻孔直径的钻头钻一个导向孔（尽可能深一些），以免把孔钻偏。长钻杆直径小于孔径 $0.3\sim0.6\text{mm}$。锥柄钻头在使用前，应把锥柄前至无容屑槽这段外圆磨小约 1.5mm，以避免卡在孔中不易取出。每次进刀钻削一个钻头直径的长度必须退刀排屑与润滑，千万不能疏忽大意。塑性材料的钻孔，为了避免切削表面的硬化加剧，必须果断快速退刀和进刀，并清理钻杆的碎屑和涂油润滑。在数控机床上钻孔编程时也应注意此点。对长钻杆外圆进行滚压以提高其硬度防止拉伤。$\phi13\text{mm}$ 以下的直柄钻头，焊接时除焊接头面外，还应在插入钻杆孔中的一侧外圆磨一缺口再补焊上，起加固和扩大焊接面的作用。如大直径（$\phi13\text{mm}$ 以上）钻头在退刀时掉入孔中，只要对正锥柄撞紧后，开机就可取出。每次快速进刀到切削表面前就必须停止，自动走刀（或手动）开始钻削，千万不要在切削表面停留，以免加剧硬化，造成钻削困难。钻削硬化现象严重的材料，更应特别注意。v_c 根据工件材料的性能（HBW、HRC、λ（热导率）选择，由于是封闭切削，切削液不能达到切削区。v_c 比车削低 $1/3\sim1/2$，不然钻头磨损快更耽误加工时间。

3. 钻削铸造高温合金孔时，不管是用高速钢还是硬质合金钻头，为了防止钻头刃带（$\alpha_o'=0°$）与孔壁摩擦和黏结，使钻头折断，钻前必须把钻头刃带用手工改磨成 $\alpha_o'=4°\sim6°$，改后十分好用，曾经钻了几千件，还完好无损。钻头的磨钝标准小于一般材料的 $1/2$，以使刀口锋利，减轻硬化。高速钢钻头 $v_c=3\text{m/min}$ 左右，硬质合金钻头 $v_c=8\sim10\text{m/min}$，f 大一些。

4. 钻直径 $\phi0.5\sim1\text{mm}$ 纯铜小孔，用普通钻头最容易折断在孔中，为了防止此现象发生，可以采用弹簧钢丝做成扁钻（钢丝直径小于孔径，前端用锤子砸扁。再磨出 $2\phi=120°$ 和 α_o' 面即可），钻孔时必须使 $n>1000\text{r/min}$，勤退刀排屑。此钻头也适用于硬度低和塑性高材料的小孔钻削。

5. 小直径和大直径的精孔也可钻出，一般采用扩孔工艺。就是把钻头两外刃（尖）磨成与轴线呈夹角3°~5°，并用磨石鏾光，在v_c<5m/min时匀速进给，用润滑性能好的切削液，可使孔径等于钻头直径，表面粗糙度值Ra<3.2μm，并可代替直刀铰深铰深孔。

6. 钻头的后角一般不宜太大，$α_o$大了以后，所钻出的孔的圆度呈多棱形。在钻平底沉孔时，$α_o$大了，孔底端平面呈多棱而不平。此时$α_o$≤6°为宜。

7. 钻孔孔壁划伤的防止，应把钻头的外刃刀尖鏾磨成圆弧。

8. 在工件斜面钻孔（特别是小油孔）时，为了防止钻头折断和把孔钻偏，应先用中心钻钻一定位引导孔，再用钻头去钻，不管是塑性和脆性材料都要钻引导孔。一定要勤退刀排屑（在数控机床上采用啄式编程的钻法），在钻出时f要慢。

9. 在淬火钢钻孔时（特别是孔深10~30mm的小孔），很容易折断钻头，原因是工件热胀冷缩夹住钻头而使钻头折断。可以用硬质合金钻头，v_c≥30m/min，同时必须频繁退出钻头于工件外，以防工件降温夹住钻头使之折断。

10. 用高速钢钻头可顺利在淬火钢钻孔，因为一般淬火钢的耐热性不到400℃，材料就软化了。高速钢的耐热性为600~635℃，再把钻头的主切削刃磨成负倒棱，增加刃口强度，在v_c≤5m/min时，就可钻削，并可批量生产。

11. 钢材上钻小孔（ϕ<10mm），最好采用群钻，进给力小，排屑好。现在最好用海南周氏（周安善）分屑麻花钻头，特点是分屑排屑好，切削力小，效果优于群钻，同时钻头还是高硬度涂层。钻孔时（ϕ6mm）只出4个窄直螺屑。

12. 钻调质或渗碳淬火合金钢小深孔（材料硬度350HBW或55HRC、ϕ6mm×180mm油孔），采用M2A1钻头，v_c=5m/min，在摇臂钻上手动进给（用手动灵敏度高，可以迅速判断切削情况与位置），仅用不到10min就钻好一个孔，12年时间钻了13000多个孔，无一出现问题。

（二）车削

1. 巧算交换齿轮，在车削机床上的铭牌上没有螺距或导程时，或车削平面螺纹时，需计算新的交换齿轮（齿数），可采用铭牌上近似的螺距或增大横向进给量（必须实际测量，方法是：主轴转5r，用中托板移动的距离除以转数就是实际螺距，用公式$i=P_{工}/P_{实}=z_1×z_3/(z_2×z_4)$，有了$i$后查上海科技出版社出版的《金属切削手册》或机械工业出版社出版的《机械工人切削手册》中速比交换齿轮表，即可得到新的交换齿轮齿数，3min即可算出）。

2. 在C620-1车床上车削M15的蜗杆，其导程铭牌上没有，只有M10，这时可把主动齿轮$z=32$，改为$z=48$，即可车削。

3. 在C620-1车床上车削中等模数蜗杆时不能采用低速车削，影响精车后表面粗糙度Ra值，这时可把主动齿轮$z=32$，改为$z=64$，把进刀箱手柄的模数位置降一半，就可在增大螺距后采用低速精车了。

4. 车复合材料的螺纹（夹布胶水、玻璃钢和其他复合材料）时，不能用正γ_p的螺纹车刀，因为γ_p为正时，工件会崩牙，毛刺也大。应采用$\gamma_p=-25°\sim-20°$，这样既不崩牙，也无毛刺，但螺纹车刀的刀尖角ε_r应比螺纹的牙型角小3°~5°，因为前刀面不平行于基面。

5. 车削热喷涂材料时，由于热喷涂材料的硬度高，最好采用PCD、CVD、PCBN刀具，为了防止喷涂层剥落，r_ε应大一些，a_p应小一些，f大一些。硬质合金和陶瓷刀具也可切削热喷涂材料，这时v_c应低一些。

6. 低温镀铁的厚度可大于2mm，不像镀铬<0.2mm，是修复磨损零件的好方法，而且价格低，硬度可达60HRC，很容易车削和磨削，车削时最好用PCBN刀具或陶瓷刀具。

7. 切断薄壁工件时，切下后工件会产生变形而不圆，这时可把$\kappa_r=90°$的切断刀磨成$\kappa_r=75°$的切断刀，使工件一边先切出而切断，就可减小变形，而且无毛刺。

8. 在切断有孔的工件（如管子）时，切断刀如$\kappa_r=90°$，在切断时（处）易损坏刀具，这时可把κ_r磨成<90°（最佳是75°），使切入切出平稳，避免刀具损坏，也无毛刺。

9. 切断实心料时，应使切刀的$\varepsilon_r=120°$，使切入切出平稳不打刀，而且排屑、散热好。

10. 精加工铸铁和铸铝合金时，余量应<0.1mm，可以获得光亮的表面。

11. 精车奥氏体材料（奥氏体不锈钢、高温合金、高锰钢）螺纹时，在编程时最后一次走刀不要不切削，只空走一刀，以避免在硬化层上不但切不下切屑，还会因摩擦而拉毛牙形表面，使表面粗糙度Ra值增大。

12. 高速车削细长轴或杆，只要掌握要领就很容易，效率可比传统低速车削高4倍以上。

13. 细长轴或杆磨削一般很困难，要使表面粗糙度Ra值达到1.6μm以下，可以在精车后留0.02~0.04mm余量，在跟刀架支承下，采用高速单轮珩磨2~3个行程（$f=0.5\sim1.5$mm/r）即可达到，比磨削效率高几十倍。也可采用滚压加工达到，滚压加工同时可提高工件表面硬度50%。

14. 刚度较好的大长活塞杆，为了提高表层硬度和耐磨性，在精车或磨削后常采用滚压加工。但在滚压过程中，常产生弯曲，这时可用滚压方法把它矫直到0.1mm以内，而且达到全面滚压的表面。

15. 采用硬质合金刀具（$\gamma_o=0°$）精车大长丝杠（经过调质后硬度>250~350HBW），

在低速下，不仅T高，表面粗糙度Ra值可达1.6μm。而高速钢刀具很快（在硬化层上切削）吃不上刀了。

16. 车削细长圆锥杆时，必须使用跟刀架，但不能偏移车床尾座。这时可用宽刃精车刀反走刀，按锥度比在一定长度吃刀，刀架跟在圆柱面上（在反走刀时刀具在跟刀架的左面），如锥度1:150，大滑板每走12.5mm，中滑板横向吃刀0.0416mm，这样可车削长几百至几千毫米的圆锥杆。由于a_p还逐渐增大，因此，宽刃车刀的右侧，必须有$\kappa_r=45°$的切削角。

17. 采用铰链式杯形圆球车刀（图2-4），车削带柄的手柄圆球又快又好。如车削夹布胶布圆球只需几秒钟。也可用于车削钢球，$v_c<5m/min$，用润滑性能好的切削液。

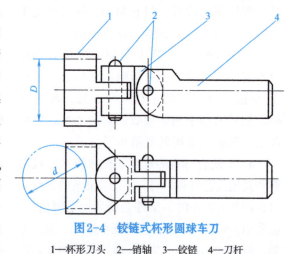

图2-4 铰链式杯形圆球车刀
1—杯形刀头 2—销轴 3—铰链 4—刀杆

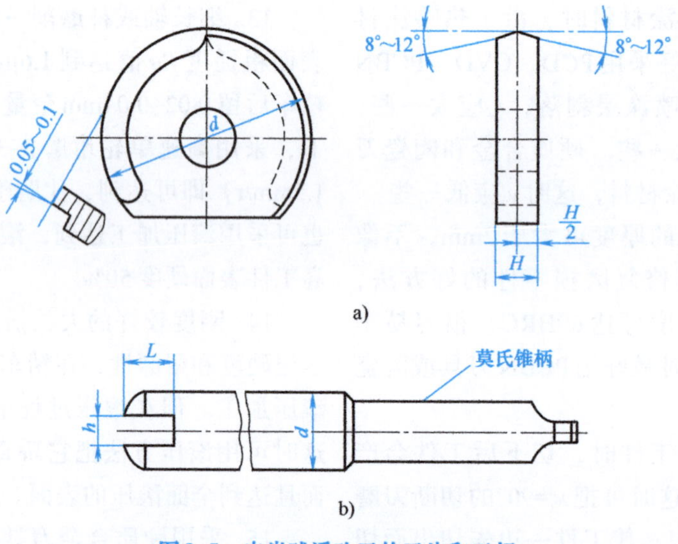

图2-5 内半球浮动刀的刀片和刀杆
a) 刀片 b) 刀杆

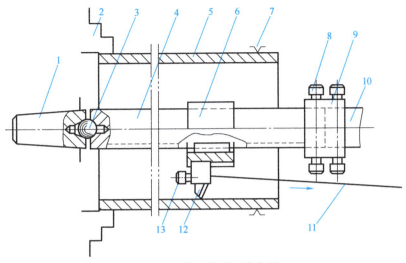

图2-6 用钢丝拉动刀盘车削

1—主轴反顶尖 2—卡盘爪 3—钢球 4—刀杆 5—工件 6—刀盘 7—中心架
8—紧固螺钉 9—连接套 10—车床尾座套筒 11—钢丝；12—反车刀头 13—压力螺钉

18. 用圆形浮动内半球车刀（可用于车、铣、镗、钻，图2-5）车削高精度内半球（$\phi20\sim\phi200$mm），如钻孔之易，圆度和尺寸公差可<0.02mm，表面粗糙度 Ra 值可达1.6μm，主要用于压力机和球形关节（包括人体关节）。

19. 在车床上可以拉削各种内花键（利用卡盘的法兰盘在铣床上用分度头划线分度，再在车床上装夹工件拉削），大长轴内孔键槽、方孔等。

20. 在车床上镗削大长圆锥孔刀杆的三种方法：一种是用钢丝滚筒带动中滑板匀速移动车大长圆锥孔（$D=P/\pi\tan\alpha$），此式中 D 为滚筒直径，P 为螺距，α 为斜角，d 为钢丝直径。二是用钢丝拉动刀盘走刀，在车床上车大长圆锥孔（$\phi300$mm×1000mm，锥度1∶150，4件，图2-6）。三是在车床上车削大长圆锥孔的刀杆（内孔大端 $\phi482$mm×1500mm，锥度1∶150，钢模具套，如图2-7所示）。

21. 在车床上车不锈钢壳体深孔（图2-8）。出口德国的200多件不锈钢壳体，其深孔是用支承套支承刀杆提高刚度一次走刀而加工成，每件只需20min。原来用悬臂刀杆车削需用几个小时，车削表面还有振纹，表面粗糙度 Ra 值达不到要求，因而无法加工。

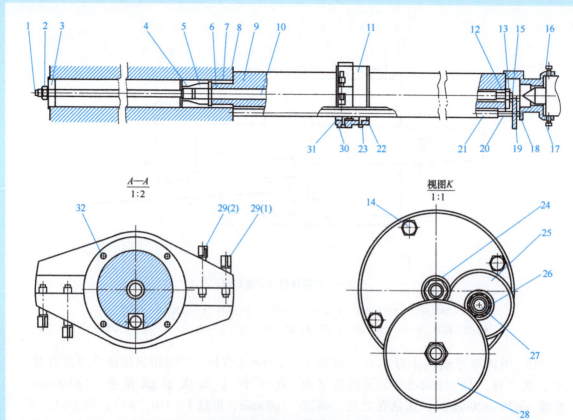

图2-7 车削大长圆锥孔的刀杆

1—拉杆 2—螺母 3—端盖 4—主轴套 5—内花键锥套 6—铜套 7—铜质刀杆套 8—推力轴承 9—刀杆 10—传动轴 11—刀盘 12—铜套 13—平键 14—六角头螺钉 15—螺母 16—紧固螺钉 17—支承套 18—垫片 19—平键 20—丝杠支架 21—丝杠 22—丝杠螺母 23—螺钉 24—主动齿轮 25—双联齿轮 26—螺母 27—小轴 28—从动齿轮 29—压力螺钉 30—防尘压圈 31—毛毡垫 32—沉头螺钉

22. 软橡胶件的加工。采用切削（$\gamma_o<50°$，$\alpha_o=15°$）、切割（$\beta=5°$），套切和刮削加工，用单件生产，成功车削近百件，用于机床修理中。

23. 在立车上纵横向等量进给车圆锥，这时斜角为45°。如果工件斜角>45°，就把立刀架顺时针扳成工件斜角减去45°，如果工件斜角<45°，立刀架就逆时针扳转45°减去工件斜角。这是车内圆锥孔，车外圆锥的方法与此相反。

24. 车削多线螺纹时，采用大丝杠+小刀架补偿分头，以减小小刀架移动的距离。

25. 车削附加磨头用处多，可磨螺纹、内外圆、锥孔、卡盘爪等。

26. 在车床上绕制小长弹簧（ϕ6mm×1200mm）。

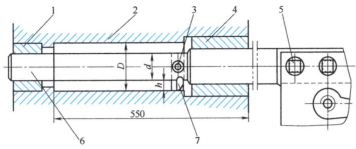

图2-8 车削台阶深孔

1—前支承套　2—工件　3—压力螺钉　4—后支承套　5—方刀台压力螺钉　6—刀杆　7—刀头

（三）铣削

1. R从几十毫米到8000mm的样板（长度100mm多），可用铣削（扳铣头）铣出（$\sin\alpha = r/R$，α 为铣头主轴倾斜角；R为工件半径；r为刀具旋转半径）。

2. 大型镗床主轴安装大直径机夹面铣刀和不同直径立铣刀锁紧装置。

3. 小渐开线内齿挤压成形。做成前后锥形，铣出齿后淬火，涂上润滑脂固定在油压机上，挤压成内齿，不然很难用刀具插出。

4. 插削铝合金大型长方腔内端头立面（内腔长1000mm多、宽600mm、高500mm多）；内腔离端头加工面25mm处有两个高100mm立柱，在天津加工，由于刀杆刚度差，出现扎刀，使得表面极粗糙，加工不了。加工表面要求表面粗糙度 Ra 值为3.2μm，作者设计了专用刀杆和刀头，顺利插削了几十件，用植物油和煤油润滑，加上合理的刀具几何参数，使表面粗糙度 Ra 值可达1.6μm。每次刀磨损了厂家都请作者去磨刀，可见搞切削加工的基本功非常重要。

5. 采用铣削方法加工自动灌装生产线上分桶或分瓶异形螺旋杆，在普通铣床上交换齿轮铣削全获成功。

（四）磨削

1. 磨削空心细长轴时，先取下一头孔堵，在空心轴中灌满水，再装上孔堵，可防止在磨削中变形和断火花（火花不连续），磨完倒出水即可。

2. 一般磨削（除深切缓进给成形磨削）防止磨削烧伤的措施，除合理选择砂轮特性（磨料、粒度、硬度、组织、结合剂，还有高硬度磨料的浓度），保持砂轮锋利、加大切削液流量外,就是适当提高工件速度 [τ_w = (1/180~1/60) v_c]。

3. 在磨削时,为了提高润滑和降低加工面的表面粗糙度 Ra 值,可用肥皂涂在砂轮工作面上。因肥皂是动物油,有很好的润滑作用,并可防止砂轮气孔被切屑堵塞。当然用极压切削液更好(极压切削液是含 S、P、Cl 添加剂的切削液,现在广为应用)。

4. 用 MoS_2 粉+酒精浸泡磨钛合金的砂轮,可防止砂轮堵塞,提高磨削比 G。

5. 无心磨床的导板,为了提高工作面的耐磨性,过去都是镶焊硬质合金,用金刚石砂轮磨削后使用。现改用喷涂陶瓷(Ni+Al_2O_3),不仅硬度高于 WC+CO 约 1000HV,而且是非金属,导板不变形,用金刚石砂轮易磨削。

6. 用小砂轮磨削 R2000mm 的大弧面,把立铣头扳成 α 角,用刀盘铣削。$\sin\alpha = r/R$,r 为砂轮半径,R 为工件半径。

7. 磨大(SR460mm+0.02mm)球面副(三副),如图 2-9 和图 2-10 所示,用碗形 ϕ150mm 的砂轮,α=17°52′,三副。

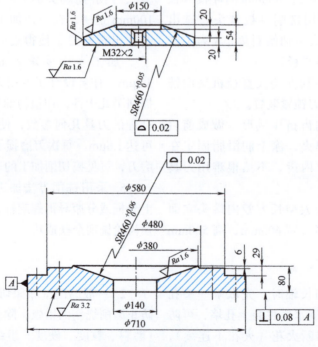

图 2-9 内外球面工件

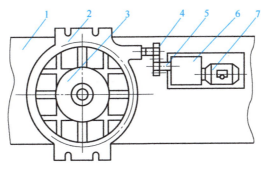

图2-10 回转工作台与工件安装

1—工作台 2—回转工作台 3—工件 4、5—齿轮 6—减速器 7—电动机

(五)铰孔和镗孔

1. 采用浮动铰(镗)刀铰孔,不仅圆度可达0.005mm,微观无多棱,表面粗糙度Ra值可达1.6μm(铸铁),钢表面粗糙度Ra值可达3.2μm。适用于镗床、车床、铣床、钻床的孔加工。但在铰钢孔时,由于它的切削刃高于孔中心,必须把它的$\gamma_o=0°$,改磨成$\gamma_o=25°~28°$。铸铁$v_c=7~10$m/min,钢$v_c<5$m/min,并用性能润滑好的切削液,$f=0.5~1.5$mm/r。注意:直铰刀铰出孔呈微观多棱状,一研磨就可显现。

2. 金刚石(或CBN)电镀铰刀是铰削铸铁液压阀液压孔所用,到目前已用近40多年,圆度和圆柱度极好,表面粗糙度Ra值可达0.1μm以下,不仅能铰铸铁,也能铰钢。这是一般人认为的禁区,但只要切削条件变了(低速),禁区就破了。

3. 用螺旋角铰刀铰轴瓦孔,代替过去的刮研加工,表面粗糙度Ra值<0.1μm,可节省大量人工。

4. 在钻深孔或其他孔时,一不小心会使高速钢钻头断在孔中,攻螺纹也有此种情况。为了把钻头取出,可以采用硬质合金棍磨成三棱钻头,把断钻头钻掉,丝锥也可如此操作,不然工件就废了。

5. 铰削奥氏体不锈钢内孔,应采用硫化油(含S 2%(质量分数))的矿物油),以避免产生环状沟槽。

6. 小长锥孔,如小头ϕ3mm、大头ϕ10mm以上,锥度1:(50~100),长度100mm左右的锥孔,可制造单刃铰刀,在铰前按锥度钻成台阶孔即可铰削。如加工直径稍大锥孔,可以把刀杆车成与孔一样的锥度,留有排屑空间,切削刃在刀杆高度中心位置,以提高刚度。

7. 铰孔时,最好用浮动刀杆,以防止机床主轴与铰刀不同轴而使孔径铰大。

（六）齿轮和螺纹加工

1. 没有相应的蜗轮滚刀怎么办？也有解决办法。因为蜗轮材质大多是铸铜或铸铁，可以车一个蜗杆（与蜗轮啮合的），只是外径大两倍齿隙，轴向铣槽，锉（铣）出后角后淬火就可用，效果很好，精度高且实用。第二个办法是车一个蜗杆，同样外径大两倍齿隙，去电镀金刚石或CBN，效果更好。

2. 用螺旋槽丝锥，可节省40%的攻螺纹转矩，排屑好。

3. 挤压丝锥攻塑性材料螺纹孔、精度高、表面粗糙度 Ra 值低、螺纹强度高。

4. 攻（套）不锈钢螺纹时（也适用于高温合金），采用 MoS_2 油膏、石墨粉+植物油、猪油+植物油、含S高的硫化油为润滑剂。

5. 滚切球形齿轮：此种齿轮多用于调心连接传动，它的外径、节圆、齿根圆均为球面形。它是通过滚刀垂直运动和工作台水平运动进行加工，两者通过定距摇杆连接。工件球面中心 O、滚刀中心 O_1 和摇杆两孔 A 和 B，构成空间双连杆平行四边形（图2-11）。滚刀中心 O_1，相对于球面中心 O 点的运动轨迹，等于摇杆 AB 绕 A 点做圆弧运动的轨迹，即 $OO_1=AB$。因此滚刀垂直运动带动工作台水面运动，合成为滚刀中心 O_1 绕工件中心 O 点的圆弧运动。滚切前必须卸掉工作台的水平丝杠，安装上球形齿轮滚切装置，摇杆处于水平位置时，滚刀中心 O_1 和工件球面中心 O 等高，齿轮下面用相应垫铁垫好。

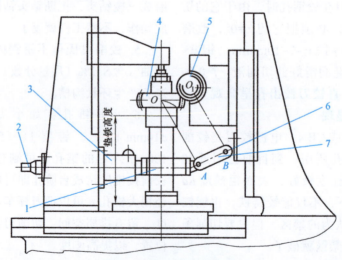

图2-11 滚切球形齿轮工装

1—连接环 2—进刀机构 3—锁紧滑动套筒 4—工件 5—滚刀 6—支承架 7—摇杆

6. 大型软橡胶辊螺旋槽和螺纹的加工（ϕ200mm×1280mm/正反（图2-12a）、ϕ120mm×25.4mm 异形（图2-12b）、M150mm×1.5mm（图2-12c）），在车床磨削加工，轻而易举。

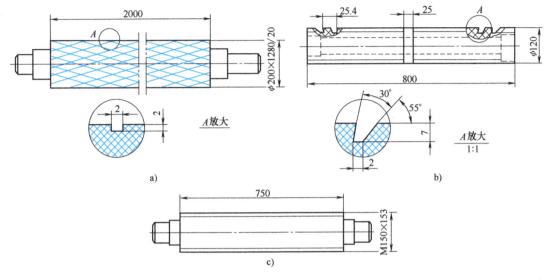

图2-12 软橡胶多线螺纹辊

（七）其他加工

1. 冷镦轴承滚子模具采用内孔抛光涂TiN工艺，使原来GCr15材质的淬火模具由只能冷镦1000个左右滚子，提高到能冷镦5万~29万个，已使用了20多年，合资企业也在使用，用于大批量生产（63万粒/月）。因为模具表面硬度从60HRC提高到83HRC，摩擦系数从0.3~0.6降为0.1~0.3。

2. 管子内孔的抛光（因内孔不圆，图2-13），采用柔性的砂布叶轮抛光，效率高。如ϕ254mm×5600mm管，用工装在车床上加工，半天时间内孔表面粗糙度Ra值就可达到1.6μm（原毛坯管子的表面粗糙度Ra值只有12.5μm）。

3. 大型高精度辊（ϕ280mm×2000mm）：辊面长1500mm，要求磨后以两端轴承定位检测，全辊面外圆径向圆跳动<0.003mm，采用基准重合、统一和互为基准原则，加工两件完全达到要求。此前上海、天津厂家以中心孔定位加工，全辊面外圆径向圆跳动只能达到0.06mm左右。在磨时，必须把导轨油压调低，减小导轨间油膜厚度，提高工作台运动刚度。

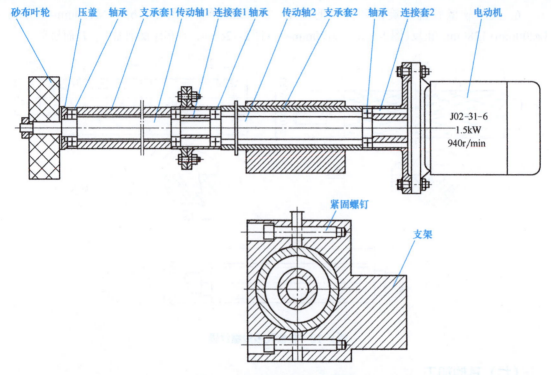

图2-13 大长管子内孔抛光装置

4. 旋压成形是加工薄壁零件的高效方法（如筒形、球形、圆弧形、碗形……）：现在有旋压机床生产、展览，加工材料厚度可从0.5mm到几十毫米。如景泰蓝瓶罐、火箭燃料球罐、油罐封头、火车油罐车、仪表壳等，其效率是切削加工的近百倍，工件的强度高。

5. 摩擦生热软化金属加工，可封管口、焊接、成形等加工，瞬间就可完成。

6. 反击法矫直棒料和已车好的大丝杠，方法简而易行，还不回弹恢复。反击法比正向法好。

7. 在带锯的切削液中加入MoS_2粉，可使带锯条的寿命提高6倍以上。锯床因下料使用频繁，常用的乳化液易变质变臭，频繁更换太麻烦。可采用黏度低的矿物油代替，适当添加含S、P、Cl中一种的添加剂为最好。

8. 内孔挤压加工（ϕ50mm以下），是小内孔光整强化（提高硬度）的高效工艺，用球形、锥形加工刃带挤压，工具在油压机上是推挤，在拉床上是拉挤，用润滑脂和MoS_2润滑，表面粗糙度 Ra 值可达 $1.6\mu m$ 以下，效率比滚压高数倍。

9. 大龙门刨床刨薄板、镶条、齿条等窄长工件专用可调大虎钳，两件组成+夹紧丝杠6根。

10. 针对用通用夹具难于装夹的工件，有车、铣、磨、钻、镗、钳等工种用的心轴、专用夹具、快装不停车夹具几十种，不仅解决了难加工工件装夹难题，加工效率也提高了很多倍，加工质量也都合格。

11. 采用粘接可以成功修复大长缸筒拉伤，而且不用加工。如果采用焊补加工就特别困难。

12. 大型进口货车轴承外环自动锻造机，$\phi 500mm$ 铸铁摩擦盘磨损开裂，几次焊接均失败，后采用镶盘粘接+螺纹销钉，成功又使用了一个大修周期（一年）。此加工风险很大，因为要月产15000多个外环。

13. 北京生物制品研究所进口高速离心机转子（材质工程塑料，长1000多mm）轴头断裂，送美国粘接后一试机还断裂。作者采用粘接加螺钉固定而修复成功，一共修了两台。这里说明一个问题，现在解一个问题需要多专业复合，不要单一思维。

14. 800kW减速器$\phi 90mm$ Ⅰ 轴断裂焊接，采用高强度焊条全断面焊接，焊后成功使用。因焊接面积和焊接强度成正比。

15. 无纺布厂大辊（空心）漏油焊接成功。厂家多次找人焊接照漏不误，笔者采用U形坡口，加大坡口深度而焊接成功。

16. 进口切丝刀辊轴头断裂焊接，作者采用螺纹镶装+焊接+车削而成。

17. 三棱汽车双球形连轴节可通过车、铣、氮化加工而成。

18. 空调薄壁U形弯管模具的加工。它的形状、位置精度要求高，两只工件一次加工成功。

19. 一般的腻子最高只能耐热200℃，有资料显示，现在有一种腻子能耐2000℃高温。北京市技协焊工队找作者修复制氧机螺杆泵转子因长期空气腐蚀，使转子槽螺旋面产生麻点坑，最后施工队用丙酮清洗后刮上腻子打磨光，修复后使用正常。若要补焊再加工是很难的。

第三章　难切削材料的切削加工

1. 首先要熟知各种（类）难切削材料的性能（物理性能、力学性能、化学性能）和切削特点（力、热、刀具磨损、硬化现象、切屑处理等），据此才能合理选择切削条件（刀具材料、刀具几何参数、切削用量、切削液和注意的问题与操作技术），否则就难以切削加工。

2. 世界上所有的难切削材料都可以切削加工（这里所讲的切削加工从广义讲，包括刀具、砂轮、珩、研等），只要切削条件改变，就难而不难。

3. 牢记难切削材料相对切削加工性K_r，以45钢为例，$K_r=1$，其他材料在切削条件和刀具寿命相同时，切削速度v_c的确定如下：切削时，高速钢刀具的$v_c=30$m/min，硬质合金刀具的$v_c=100$m/min，其他材料的切削速度就可大于或小于此v_c了。大于此v_c者可加工性好，小于此v_c者则可加工差。难切削材料中，高锰钢的$K_r=0.2\sim0.4$；高强度钢中低合金高强度钢$K_r=0.2\sim0.5$，高合金高强度钢则$K_r=0.2\sim0.45$，马氏体型不锈钢时效的$K_r=0.1\sim0.25$；不锈钢中沉淀硬化不锈钢$K_r=0.3\sim0.4$，奥氏体型不锈钢的$K_r=0.3\sim0.4$，高温合金中铁基合金的$K_r=0.15\sim0.3$，镍基和铸造合金的$K_r=0.08\sim0.2$，钛合金的$K_r=0.25\sim0.38$，淬火钢的$K_r=0.2\sim0.3$。用上述两种刀具材料分别切削这些材料的可加工性K_r，算出的v_c分别为$30\times K_r$和$100\times K_r$，就分别是切削这些材料的合理v_c了，现场好记好用，也相对合理。或取这些材料的K_r平均值。

4. 要熟知刀具（磨料）材料的性能（硬度、抗弯强度、热导率、化学性能、弹性模量、适用范围、特点、耐热性），才便于因地制宜地合理选用。否则盲目选用就会造成切削困难。

5. 对有切削加工硬化现象的材料，特别是切削硬化严重的奥氏体材料（奥氏体型不锈钢、高温合金、高锰钢等）和其他塑性材料，必须知道其硬化程度和硬化层深度、产生和加剧硬化的原因和改善措施及需要的操作技术。否则就会造成切削困难，甚至难于切削加工。这是目前加工有切削加工硬化现象材料的主要问题。

6. 在难切削材料加工过程中，对切削液的选择不可忽视。最好采用含S、P、Cl添加剂的切削液（水基、油基）。在切削加工过程中，即使其他切削条件合理，切削液不合理也会造成许多问题，如积屑瘤、鳞刺、刀具寿命短、表面粗糙度Ra值大等。

7. 重视刀具几何参数的合理选择，熟知刀具六大角度的作用及根据工件材料的性能选择刀具的原则，否则就不能顺利切削而造成刀具磨损快或损坏。这是提高加工效率、质量的举措之一。

8. 工件材料的化学成分配比是影响材料的物理性能、力学性能、金相组织、热处理性能和可加工性的根本因素。只要看到材料的化学成分与配比，就可知道它的切削加工性的难和易及切削条件了。

一、淬火钢的切削加工

1. 性能：硬度>50HRC，为马氏体，抗拉强度R_m为2600MPa，热导率λ为7.12W/(m·K)。

2. 切削特点：单位切削力K_c为4500MPa（45钢K_c为2100MPa），切削温度高达900℃，属脆性材料，切削力和切削热集中于刃口附近，容易打刀和磨损。

3. 切削条件：刀具材料为硬质合金（YS8、YG813、YG600、YG610……）、陶瓷、PCBN，在硬度<55HRC时可用高速钢钻头，v_c<5m/min，磨负倒棱钻孔；刀具几何参数，γ_o=-10°~0°，α_o=8°~10°，κ_r=30°~60°，λ_s=-5°~-3°，γ_{o1}=-15°~-5°，b_γ=0.2~0.4mm，r_ε=0.8~1.6mm；切削用量，高速钢v_c<5m/min；硬质合金v_c=30~75m/min；陶瓷v_c=60~120m/min；PCBN v_c=100~200m/min。在断续切削时，v_c为上述值的一半。注意问题：用硬质合金钻小孔（ϕ<10mm），要勤退出钻头，以防材料热胀冷缩夹住钻头使其折断。车螺纹时，工件切入切出处倒角以使之切削平稳不打刀，a_p小一些，攻螺纹时γ_o=-5°~-3°。

二、不锈钢的切削加工

1. 不锈钢的分类：马氏体型不锈钢、铁素体不锈钢、奥氏体不锈钢、奥氏体-铁素体型不锈钢和沉淀硬化型不锈钢。

2. 性能：硬度为170~350HBW，抗拉强度R_m=451~1300MPa，断后伸长率A=20%~40%，热导率λ为13W/(m·K)。

3. 切削特点：切削加工硬化特别严重，比基体硬度高1.4~2.2倍；单位切削力K_c比45钢高1.25倍，切削温度比45钢高200℃，易产生积屑瘤，亲和作用大，易造成黏结、扩散、月牙洼和沟纹磨损。

4. 切削条件：刀具材料如为高速钢，则应采用高性能高速钢（M2A1），硬质合金应采用添加TaC或NbC的K或M类超细晶粒硬质合金（YS2、YG813、YD15……），涂层采用TiAlN、TiAlSi涂层，以防黏结，提高刀具寿命T；刀具几何参数，γ_o=15°~30°，α_o=8°~12°，λ_s=0°~3°；切削用量，高速钢刀具的v_c=8~12m/mim，硬质合金刀具的v_c=40~60m/mim，a_p和f均大于0.1mm/r，以避免在硬化层中切削。注意：为了防止加剧切削表面硬化，刀具不要在切削表面停留；为了使刀具锋利，刀具的磨钝标准为切削一般钢材的1/2；用高速钢钻头钻孔时是低速大进给，必须磨小横刃，做到说钻即钻，说退果断快速退出，以免加剧硬化，给下一次进刀带来困难。铣削时采用顺铣或不对称铣（铣平面）。攻螺纹时采用MoS_2油膏、石墨粉+植物油、猪油+植物油作切削液；铰孔采用硫化油作切削液。

三、高强度和超高强度钢的切削加工

1. 性能：这两种钢是合金钢经调质处理后，中温回火，达到R_m和a_k值结合很好的钢种。高强度钢的抗拉强度R_m为1200~1500MPa，超高强度钢的抗拉强度R_m为1500MPa，它的硬度为35~50HRC，λ为20~30W/(m·K)，韧性比45钢高一倍（19~31J/m²）。

2. 切削特点：由于这两种钢的金相组织多为马氏体，韧性高，热导率λ为45钢（50.2W/(m·K)）的60%，硬度和强度高，其单位切削力为45钢的（2100MPa）K_c的1.25~1.8倍，切削温度比切45钢高60%左右，刀具易磨损，断屑困难。

3. 切削条件：刀具材料，高性能高速钢（M2A1），硬质合金（YS8、YC45、YS25……）和TiA1N、TiA1Si涂层、陶瓷、PCBN。刀具几何参数，高速钢刀具γ_o=8°~12°，α_o=5°~10°；硬质合金刀具γ_o=-4°~6°，α_o=6°~10°；陶瓷刀具γ_o=-6°~-4°，α_o=4°~6°；PCBN刀具γ_o=-8°~0°，α_o=10°左右；切削用量，高速钢刀具v_c=3~10m/min，硬质合金刀具v_c=30~70m/min，陶瓷刀具v_c=60~120m/min；PCBN刀具v_c=100~200m/min，在粗加工时取中偏小值。断屑时可采用断屑槽、障碍式、改变切削用量和预切槽进行断屑。

四、高锰钢的切削加工

1. 性能：合金钢中Mn的质量分数为11%~18%的钢，称为高锰钢。它的金相组织为奥氏体。常用的ZGMn13高锰钢，硬度为210HBW，当受外来压力和冲击载荷后，会产生很大的塑性变形和严重硬化，其表层硬度可达46~54HRC，具有很高的耐磨性。R_m为980MPa，A为50%~80%，a_k为2.9~4.9MJ/m²，λ为13W/(m·K)。

2. 切削特点：严重硬化，在切削过程中，由于塑性变形很大，奥氏体转变为细晶粒的马氏体，工件表层硬度可达450~550HBW（45~55HRC），硬化层深度可达0.1~0.3mm，为45钢的8倍，加剧了刀具磨损。高锰钢的单位切削力K_c比45钢的K_c高

1.9倍（K_c=3990MPa），切削温度比45钢高200℃，断屑困难。

3. 切削条件：刀具材料，高速钢M2A1、M42、V3N。硬质合金YS2：YS8、YG643、YG813等，涂层采用TiAlN、TiAlSi，陶瓷。刀具几何参数，高速钢刀具γ_o=5°~10°，α_o=8°~10°；硬质合金刀具γ_o=-3°~3°，α_o=8°~12°；陶瓷刀具γ_o=-8°~-5°，α_o=5°~8°；κ_r=30°~45°，λ_s=-10°~-5°，r_ε=0.8~1.6mm，γ_{o1}=-15°~-5°，b_γ=0.2~0.8mm。切削用量，高速钢刀具v_c≈6m/min，硬质合金刀具v_c=20~40m/min，陶瓷刀具v_c=50~80m/min，a_p和$f(f_z)$均>0.3mm/r（z）。注意：钻孔时最好采用硬质合金钻头或浅孔钻。采用高速钢钻头，应磨成群钻型，采用低速大进给，使用切削液，并保持钻头锋利，操作时钻头不要在切削表面停留，以免加剧硬化。

五、冷硬铸铁和合金耐磨铸铁的切削加工

1. 性能：这些铸铁有冷硬铸铁、激冷铬镍铸铁（Ni的质量分数4%、Cr的质量分数1.1%）、高铬铸铁（Cr的质量分数22%~25%），前两种铸铁制造轧辊，后一种铸铁制造耐磨、耐高温（800℃以下）的零件，它们的硬度为60HRC左右。

2. 切削特点：切削力大，比切削45钢的K_c高1.5倍；切削温度可高达800℃左右；由于工件长度大，连续切削时间长，造成刀具磨损严重；由于冷硬铸铁脆性大，易造成崩边。

3. 切削条件：刀具材料，应首选添加TaC或NbC的超细晶粒硬质合金（YS2、YS8、YS10、YG813……）、陶瓷、PCBN。刀具几何参数，硬质合金刀具γ_o=-5°~0°，α_o=5°~10°，κ_r<45°；陶瓷刀具γ_o=-10°~-5°，α_o=5°~10°，κ_r=15°~30°；PCBN刀具γ_o=-10°~0°，α_o=6°~8°，κ_r≤60°；γ_{o1}=-15°~-10°，b_γ=0.2~0.8mm。切削用量，硬质合金刀具，v_c=8~12m/min，a_p=0.2~10mm，f=0.5~1mm/r；陶瓷工具v_c=40~60m/min，a_p=0.5~3mm，f=0.3~0.6mm/r；PCBN刀具v_c=60~80m/min，a_p=0.5~2mm，f=0.15~0.3mm/r。铣平面用陶瓷圆刀片面铣刀最好。

六、钛合金的切削加工

1. 分类：钛合金属于有色金属，可分三大类，α型钛合金（TA1~TA8）、β型钛合金（TB1、TB2）、α-β型钛合金（TC1~TC10）。

2. 性能：钛合金的硬度为240~365HBW，R_m为687~1059MPa，A为10%~25%，λ为5.44~10.47W/(m·K)，ρ为4.5g/cm^3，E为110000MPa。性能特点：比强度高（R_m/ρ）为366，在-150~500℃时仍有很高的强度，可在500℃下长期工作，耐蚀性好，能耐各种腐蚀，低温性能好（-253~-100℃，化学活性大，能与大气中O_2、N_2、H_2、CO、CO_2、水蒸气发生反应）。

3. 切削特点：切屑变形系数接近于1（很小），切削温度高（比切45钢高近一倍），刀具易磨损（磨料、黏结、扩散、氧化磨损），切屑与前刀面接触小。

4. 切削条件：刀具材料，高速钢采用M2A1、M42，硬质合金采用添加TaC或NbC的K类超细晶硬质合金（YS2、YG813、YD15、YW4），金刚石［天然金刚石用于精密切削、PCD（聚晶金刚石）、CVD（化学沉积涂层金刚石）］；刀具几何参数，一般的刀具γ_o=5°~15°，α_o≥15°（因钛合金的弹性模量E小于45钢一半）；超硬刀具γ_o=0°~5°；κ_r=45°~75°，λ_s=0°~3°。切削用量，高速钢刀具v_c=8~12m/min，硬质合金刀具v_c=25~40m/min；PCD、CVD刀具v_c=100~200m/min，a_p=1~5mm，f=0.1~0.3mm/r，应避免微量切削以防自燃。切削液使用含S、P的极压水溶液。**注意：若自燃着火，应用滑石粉、石灰和干砂扑火，严禁用CCl_4、CO_2和水扑救，以免引起氢爆炸；由于钛合金弹性模量E小，所以夹紧力要小，钻孔钻头的2ϕ=135°~140°，横刃要小；攻螺纹时，应把丝锥的后角加大到15°。**

七、高温合金的切削加工

1. 分类：按生产工艺高温合金可分为变形高温合金和铸造高温合金（K）。按基体合金元素分，可分为铁基、铁镍基、镍基和钴基高温合金。

2. 性能：高温合金是一种多组元、高熔点、金属元素含量很高（Cr、Al、Si、Ti、Co、Ni、V、W、Mo、Nb、Fe）的材料，具有耐高温、耐氧化、耐燃气腐蚀的能力。高温合金含有大量的碳、氧、硼化物，它们的硬度高，基体硬度一般在210~300HBW，高温合金R_m为838~1393MPa，A为变形11%~25%，铸造高温合金A为1.5%~6.3%，E为177600~235000MPa，λ为12.36~23.03W/(m·K)。由于高温合金的性能，特别是铸造高温合金和镍基高温合金极难切削加工。

3. 切削特点：根据高温合金的性能，45钢的K_r=1，高温合金的K_r=0.08~0.3。切削力和切削热分别比切削45钢的K_c高2~3倍和高300℃，切削加工硬化特别严重，高于基体一倍以上，刀具磨损特严重（磨料、黏结、氧化、扩散、沟纹、边界磨损），切削温度可高达1000℃以上。

4. 切削条件：刀具材料，高速钢应选高性能M2A1、M42高速钢。硬质合金应选添加TaC或NbC的YG类超细晶粒硬质合金（YS2、YS8、YG813、YD15、YG643、YW4），涂层应选TiAlN、TiAlSi、Al_2O_3、TiC、Si_3N_4陶瓷、PCBN。刀具几何参数，切削变形高温合金，高速钢刀具γ_o=12°~15°，α_o=10°~15°。硬质合金刀具γ_o=10°左右。切削铸造高温合金，硬质合金刀具γ_o=0°~5°，陶瓷和PCBN刀具γ_o=-5°~0°，κ_r=45°~75°，λ_s=-5°~0°。切削用量，高速钢刀具v_c=3~6m/min，硬质合金刀具v_c=10~40m/min，陶瓷刀具v_c=20~80m/min，PCBN刀具v_c=80~100m/min，加工铸造时的v_c取小值。a_p=0.3~5mm，$f(f_z)$=0.15~0.3mm/r（z）。切削液可采用极压乳化液或极压切削油，PCBN刀具严禁用水基切削液。注意：刀具要锋利以减轻硬化；钻孔时采用低速大进给，钻头不要在切削表面停留，以免加剧硬化；钻削铸造高温合金孔前，必须把钻头刃带（α_o'=0）改磨成α_o'=4°~6°，以减小和孔壁的摩擦，防止钻头折断，尽量采用硬质合金钻或浅孔钻。在攻螺纹时采用不锈钢的切削液。铣削时采用顺铣。

八、热喷涂材料的切削加工

1. 工艺特点与性能：热喷涂工艺是通过电弧、火焰、等离子和爆炸等热源，将合金粉末、金属陶瓷、陶瓷加热熔化，在较大压力下喷向工件表面，形成一层牢固的保护层，使涂层具有耐高温、高压、耐腐蚀、耐摩擦、抗氧化的能力。除了上述功能外，还用于修复磨损的工件。通常铜基、铁基粉末喷涂层的硬度<45HRC，较易切削；钴基和镍基粉末喷涂层的硬度>50HRC，较难切削，镍包WC、镍包Al_2O_3喷涂层的硬度≥65HRC。

2. 切削特点：切削温度高，刀具磨损严重，刀具寿命短，有硬质点，易剥落。

3. 切削条件：刀具材料，硬度<45HRC用YG类硬质合金，硬度>50~65HRC用高硬度硬质合金（YC09、YS8、YG600、YG610、YC12）；对于硬度>65的喷涂层除用高硬度硬质合金和陶瓷刀具外，最好采用PCD、CVD和PCBN刀具。刀具几何参数，γ_o=-5°~0°，α_o=8°~12°，κ_r=10°~45°，κ_r'=10°~45°，λ_s=-5°~-3°。切削用量，用硬质合金刀具切削硬度<45HRC时v_c=40m/min左右；硬度<50HRC的v_c=8~12m/min；硬度>65HRC的v_c=6~7m/min。用PCD、CVD和PCBN刀具的v_c为上述刀具材料v_c的3~4倍。a_p=0.05~0.6mm，f=0.3~0.6mm/r。注意：小背吃刀量、大进给、大r_ε，以防剥落。

九、难熔金属的切削加工

1. 钨及合金的切削：①性能，钨的熔点为 3380℃，ρ 为 19.18g/cm³，弹性模量 E 为 35316MPa，硬度为 290~350HBW，R_m 为 918~1472MPa；②钨棒及钨锭切削条件，刀具材料，高速钢为 M2A1、M42，硬质合金为 YS2、YS8、YG6X、YD15、YG813，最好采用 PCD、CVD 和 PCBN 材料。刀具几何参数，$\gamma_o=5°~10°$，$\alpha_o=8°~10°$，$\kappa_r=45°$，$\gamma_{o1}=-10°~-5°$，$b_\gamma=0.1~0.3mm$。切削用量，高速钢刀具 v_c 为 5m/min 左右，硬质合金刀具 v_c 为 5~50m/min；③钨合金的切削条件，钨合金是采用 Co 和 Ni 作黏合剂，粉末冶金制成，硬度<40HRC；④采用超细晶粒硬质合金材料（YS2、YS8、YD15），刀具几何参数 $\gamma_o=-8°~0°$，$\alpha_o=8°~10°$，$\kappa_r<75°$。⑤切削用量，硬质合金刀具 $v_c=38m/min$ 左右，PCD、CVD、PCBN 刀具的 $v_c=80m/min$，$a_p=0.3~3mm$，$f=0.1~0.4mm/r$；⑥改善钨切削加工性的措施有，喷砂去除硬脆表层，加热到 200℃，渗铜，加入 Zr。

2. 钼及其合金的切削加工：①性能，钼及其合金的熔点为 2695℃，ρ 为 10.3g/cm³，弹性模量 E 为 343350MPa，硬度为 35~125HBW，R_m 为 687MPa；②切削特点，切屑易与前刀面黏结，切削力大（K_c 为 2413MPa）脆性大；③刀具材料，高速钢（M2A1、M42），硬质合金为 YG 和 YW 类；④刀具几何参数，$\gamma_o=15°~20°$，$\alpha_o=10°~12°$，$\kappa_r=45°~75°$，$\lambda_s=0°~5°$。⑤切削用量，高速钢刀具 $v_c=10~15m/min$，硬质合金刀具 $v_c=35~80m/min$，a_p 和 f 没有特殊要求。⑥切削液为乳化液、MoS_2、CCl_4+L-AN32 全损耗系统用油用于钻孔，刀具寿命 T 可延长 5 倍。

3. 铌的切削加工：①性能，铌的熔点为 2463℃，ρ 为 8.5g/cm³，弹性模量 E 为 85543MPa，硬度为 75HBW，R_m 为 294MPa；②切削特点，由于它的硬度和 R_m 低，要求刀具锋利，铌在切削的高温下会产生氧化，因此要防止切削温度过高；③切削条件，刀具材料用高速钢和不含铌的 YG 类硬质合金；④刀具几何参数，$\gamma_o=20°~25°$，$\alpha_o=10°~15°$，$\lambda_s=0°~5°$。切削用量，高速钢刀具的 $v_c \leq 30m/min$，硬质合金的 $v_c=45~120m/min$。

4. 钽的切削加工：①性能，熔点为 2980℃，ρ 为 16.67g/cm³，弹性模量 E 为 188352MPa，硬度为 70~125HBW，R_m 为 343~442MPa；②切削特点，钽软而韧，刀具黏结磨损严重，而且会产生撕裂现象。切削条件，刀具材料，高速钢和不含钽的 YG 类硬质合金；③刀具几何参数，$\gamma_o=35°~40°$，$\alpha_o=6°~8°$。切削用量，高速钢刀具 $v_c=$

15m/min 左右，硬质合金刀具 v_c=30~80m/min。④切削液选用冷却润滑性能好的切削液，并充足浇注。

5. 锆的切削加工：①性能，熔点为 1852℃，ρ 为 6.507g/cm³，弹性模量 E 为 95844MPa，硬度为 120~133HBW，R_m 为 294~491MPa；②切削特点，Zr 是 Ti 的同族元素，加工硬化严重，弹性变形大，易产生黏结，微量切削易燃烧；③刀具材料，高速钢和 YG 类硬质合金；④刀具几何参数，γ_o=16°~23°，α_o=10°~15°，λ_s=0°~3°；⑤切削用量，高速钢刀具，v_c=20~30m/min，硬质合金刀具 v_c=90~120m/min；⑥切削液为防止自燃，采用水基切削液。

十、纯镍的切削加工

1. 性能：纯镍的熔点为 1452℃，硬度为 90~120HBW，R_m 为 300~360MPa，A 为 10%~30%，弹性模量 E 为 210000MPa。

2. 切削特点：纯镍的切削温度高，断屑困难，镍与刀具材料中的 Co 产生严重的亲和作用和黏结，因此不能用硬质合金刀具，否则 100% 会切削失败。

3. 切削条件：刀具材料，高速钢（M42、M2A1）和 PCBN。刀具几何参数，高速钢刀具 γ_o=5°~10°，PCBN 刀具 γ_o=0°~5°，α_o=6°~8°，κ_r=90°，切削用量，高速钢刀具 v_c=20~30m/min，PCBN 刀具 v_c=100m/min 左右，为了断屑，f 应大一些。

十一、软橡胶的切削加工

1. 性能：软橡胶的硬度为 35~90HA，R_m 为 19.6~24.5MPa，A 为 500%~700%，弹性模量 E 为 1.9~3.9MPa，λ 为 0.21W/(m·K)，具有很好的弹性、柔顺性、易变性和复原性。

2. 切削条件：刀具材料，高速钢和 K 类硬质合金。刀具几何参数，γ_o=45°~55°，α_o=12°~15°，κ_r 和 κ_r'=45°，b_ε=(1~2)f。也可采用切割和套切。螺纹最好采用磨削加工，在车床上加附加磨头，又快又好。切削用量，高速钢刀具 v_c=60~80m/min，硬质合金刀具 v_c=100~150m/min，a_p=1~4mm，f=0.3~1mm/r。注意：不要用油作切削液以免腐蚀变形；采用切割式进刀时，一定要控制好尺寸，以防余量过小无法切割；装夹时要采取措施防止变形；切削温度不要超过 150℃，以防软化。

十二、复合材料的切削加工

1. 定义:由两种或两种以上的不同性质、不同状态的组分材料,通过复合工艺组合而成的一种多相材料,称为复合材料。复合材料既保持了原组分材料的性能特点,又具有原组分材料没有的新性能。

2. 分类:按增强体几何形状分,有连续纤维、短纤维、颗粒和薄片增强复合材料;按增强纤维种类分,有玻璃纤维、碳纤维、金属纤维、陶瓷纤维复合材料;按基体材料分,有聚合基、金属基和非金属基复合材料;按材料使用功能分,有结构和功能复合材料。

3. 性能特点:复合材料具有高的比强度(R_m/ρ)和比刚度(E/ρ),是金属材料的3~8倍;疲劳强度高,比金属高30%~50%;减振性能好,能吸振和不产生共振;断裂安全性好,不致造成瞬间断裂;良好的工艺性和各向导性可设计性。

4. 切削特点:一般复合材料的热导率低,增强纤维的硬度高,切削时纤维不易切断,刀具磨损大。

5. 切削条件:刀具材料,应选硬度高、耐磨性好和导热性好的刀具材料。有超硬高速钢(M2A1、M42),硬质合金应选超细晶粒YG类硬质合金(YS2、YS8、YG600、YG610、YD05),为了几十至几百倍地延长刀具寿命,最好用PCD、CVD和PCBN刀具。刀具几何参数,γ_o=0°~5°,α_o=12°~15°,κ_r≤60°,λ_s=-5°~0°。在车螺纹时γ_p=-25°~-20°,以防止产生毛刺和崩牙。切削用量,高速钢刀具v_c=10~15m/min,硬质合金刀具v_c=40~80m/min,PCD、CVD、PCBN刀具v_c=80~120m/min。注意:不要用切削液,铣削时采用顺铣,以免掉渣,钻出时f要小一些。

十三、工程陶瓷的切削加工

1. 分类与性能:工程陶瓷主要分为结构陶瓷(高温、高强)和功能陶瓷(磁、电、光、半导和生物)两大类。按化学成分可分为单相、氧化物、氮化物、碳化物、金属和纤维陶瓷。性能,工程陶瓷的抗压强度R_{mc}为3000~5000MPa,硬度为2200~3000HV,耐热温度1100~1200□,ρ=3.14~4g/cm³,λ为20.9~31W/(m·K),弹性模量E为365000~

400000MPa。

2. 切削特点：工程陶瓷的切除机理是脆性破坏，$F_p>F_c$，刀具易磨损，切屑易崩碎，只能用超硬硬质材料（PCD、CVD、PCBN）刀具切削。

3. 切削条件：刀具材料为PCD。刀具几何参数，$\gamma_o=-15°\sim-5°$，$\alpha_o \geq 15°$，$\kappa_r=45°$，以使切入切出平稳，防止崩边，最好使用圆形刀片。切削用量，$v_c \leq 30m/min$，$a_p=1\sim2mm$，$f=0.2\sim0.4mm/r$。易切陶瓷AlN的性能，$\rho=2.95g/cm^3$，$\sigma_{bb}=290MPa$，$R_{mc}=1100MPa$，弹性模量E为160000MPa，λ为100W/(m·K)，硬度为1100HV。切削条件除$v_c=45\sim75m/min$，其余同前。

十四、硬质合金的切削加工

1. 牌号和性能：模具用的YG15、YG20、YG20C的硬度为82~87HRA（62~70HRC），σ_{bb}为2100~2500MPa，ρ为13.4~14.2g/cm³。

2. 切削条件：刀具材料为PCD、PCBN。刀具几何参数，$v_c=-5°\sim0°$，$\alpha_o=12°\sim15°$，$\kappa_r \leq 45°$，$\lambda_s=-10°\sim-5°$，$r_\varepsilon=0.8\sim1.2mm$。切削用量$v_c=20\sim30m/min$，$a_p=0.5\sim2mm$，$f=0.05\sim0.2mm/r$。切削液为煤油。

十五、砂轮的切削加工

1. 磨料硬度：刚玉类磨料的硬度为2400HV，碳化硅磨料的硬度为3200HV。

2. 切削条件：刀具材料为PCD，用它切削砂轮寿命长，体积磨削比可达1/1300万，可以成批车削砂轮。刀具几何参数$\gamma_o=-10°\sim0°$，$\alpha_o=10°\sim15°$，$\kappa_r \leq 45°$，最好采用圆刀片，以使切入切出平稳，不崩边。切削用量，$v_c=20\sim30m/min$，碳化硅砂轮取小值，$a_p=0.2\sim5mm$，$f=0.5\sim1mm/r$。

第四章　难磨材料的磨削加工

1. 难磨材料：磨削加工性差的材料。按材料所含金属元素 Cr、Ni、W、Mo、Mn、Ti、Al、Co、V 等的种类来说，这些合金元素提高了材料的抗拉强度 R_m、冲击韧度 a_k、伸长率 A，使材料耐热性提高，降低了材料的热导率 λ，磨削加工性就相对较差。按磨削比 G 来说，G 大则磨削较易，反之磨削就难。按材料的物理和力学性能来说，A 大则 a_k 高，硬度和 λ 低，磨屑易黏附和堵塞砂轮气孔，使砂轮丧失磨削能力，造成磨削温度高，磨削力大，磨削表面产生缺陷，如磨削 Cr、Al、纯铁、纯铜、纯铝、高温合金、钛合金、高钒高速钢、不锈钢等。

2. 难磨材料的磨削特点：材料表面烧伤，此时磨削温度可达 1000℃ 以上；砂轮堵塞，砂轮的气孔、磨粒被磨屑黏糊住，又不能去除，使砂轮丧失磨削能力，磨削表面恶化；砂轮磨损严重，在磨削高钒高速钢、高温合金、奥氏体钢时，只见砂轮磨损而快速脱粒，不见工件材料去除。

3. 解决难磨材料磨削的途径

1）合理选择磨料：磨料有刚玉、碳化硅、碳化硼、人造金刚石、CBN 五大类。如用 ZA 磨奥氏体型不锈钢，SA 磨高钒高速钢、高温合金、CBN 磨高钒高速钢，或采用混合磨料（WA、GC）磨镍基高温合金等。

2）合理选用砂轮粒度：砂轮粒度的大小，与磨削后工件的表面粗糙度值、磨削效率和磨削后工件表面缺陷（烧伤，裂纹）有直接关系。在保证工件表面质量的前提下，应尽量选择粗粒度或混合粒度的砂轮。

3）合理选择砂轮硬度和组织：磨削难磨材料时，应选用砂轮硬度偏低和组织疏松一些的砂轮，有利于磨钝的磨粒脱落，使新锋利的磨粒参加切削，而避免烧伤或堵塞与黏附。

4）合理选择磨削用量：$v_c \leq 35\text{m/s}$，$a_p = 0.01 \sim 0.02\text{mm}$，$v_w = 20 \sim 300\text{m/min}$。

5）合理选用磨削液：可以采用硫化油磨削高温合金。采用极压乳化液作磨削液，可以防止砂轮黏附。

6）合理选用磨削方法：采用人造金刚石和 CBN 砂轮，进行电解、电火花、电解砂轮磨削，砂带和深切缓进给磨削及砂轮开槽磨削。

一、高钒高速钢的磨削

1. 难磨原因：当高速钢中钒含量在 3%（质量分数）以上时，称为高钒高速钢。V

在钢中形成VC，它的硬度为2800HV，高于陶瓷和硬质合金，造成磨削力大、磨温高，易产生烧伤，砂轮易脱粒，易堵塞，磨损快，磨削极为困难。

2. 采用CBN砂轮磨削的特点

1）砂轮寿命长：CBN砂轮的磨损量，是单晶刚玉SA的1/64，是绿碳化硅GC的1/104，是白刚玉WA的1/99。

2）有很高的磨削比G：用CBN砂轮磨削W12Gr4V5Co5的G为140，而刚玉类的G为10；磨M42的G为660，而刚玉类的G也只有10；磨W6Mo5Cr4V2的G是980，而刚玉类砂轮的G也只有10。

3）避免烧伤：用刚玉类砂轮，磨粒很快磨损，如不及时修整，就会产生烧伤。CBN砂轮直至工作层全都用完，也不用修整，一般不会产生烧伤。

4）磨削功率小：CBN砂轮的单位功率比刚玉类砂轮小2/3~5/6。

二、不锈钢的磨削

1. 磨削的特点

1）砂轮易黏附堵塞：磨削耐浓酸不锈钢的砂轮黏附堵塞情况较重、奥氏体次之、马氏体较轻。

2）磨削力大，磨削温度高：单位磨削力可60000MPa，磨温高达1000~1500℃。

3）磨削表面硬化严重：比基体硬度高1.4~2.2倍，深度达0.1~0.2mm。

4）工件变形大：由于不锈钢的线胀系数 [(15.5~16.6)×10^{-6}℃$^{-1}$] 比一般钢 [(1.98~12.18)×10^{-6}℃$^{-1}$] 大50%。

5）无磁不锈钢平磨时装夹困难。

2. 砂轮特性的选择

1）磨料：WA适于磨马氏体型不锈钢；SA适于磨奥氏体型和奥氏体+铁素体型不锈钢；MA适于磨各种不锈钢；CBN适于磨各种不锈钢。

2）粒度：一般为F36、F46，F60用于精磨。

3）黏合剂：为陶瓷V，树脂B用于精磨。

4）硬度：一般用K~N（软~中），其中K、Z（中软）用得多；使用MA磨内孔时，用H、J（软2、软3）。

5）组织：5号~8号组织疏松的。

3. 磨削用量

1）砂轮速度：V黏合剂，v_c=30~35m/s；B黏合剂v_c=35~50m/s。

2）工件速度一般为v_c/100~v_c/60，工件速度单位为m/min；平磨工作台速度为15~20m/min。

3）磨削深度：粗磨a_p=0.01~0.08mm，不宜过小；精磨a_p=0.01mm。

4）进给量：外、内圆磨削，粗磨

（0.2~0.7）B/r，精磨（0.2~0.3）B/r；砂轮外圆平磨，粗磨（0.3~0.7）B/dst，精磨（0.05~0.1）B/dst。dst 为双行程。

三、高温合金的磨削

1. 磨削的特点

1）磨削力大：由于钢中的强化相很多，高温强度高，切屑不易切离，造成单位切削力比切一般钢材大 2 倍左右，而且 $F_p>F_c$。

2）磨削温度高：由于砂轮黏附，堵塞和摩擦加剧，产生大量的热，致使磨削区温度达到 1500℃，比磨削一般钢材高 200℃以上。

3）砂轮磨损严重：由于加工硬化严重，磨削力大，磨削温度高，黏附严重并堵塞砂轮气孔，磨粒很快变钝，增加砂轮修整次数，使砂轮消耗大。

4）易产生烧伤：由于高温合金的热导率很低（λ 为 10W/(m·K) 左右），加上磨温高，易产生烧伤。

2. 砂轮特性的选择

1）磨料：一般为 WA、SA 效果好，NA 自锐性好，最好是 CBN。

2）粒度：一般用 F46，磨薄片、内孔、端面时应粗一点。

3）硬度：一般选 J~N（软 3~中 2），K、Z（中软 1~中软 2）为常用。

4）结合剂：陶瓷 V。

5）组织：5~8 号。

3. 磨削用量

1）砂轮速度，一般取 v_c=20~25m/s，CBN 取 v_c=30~35m/s。

2）工件速度：外内圆磨 v_w=30m/min 左右，平磨 v_w=25~28m/min。

3）磨削深度：a_p=0.01~0.05mm。

4）进给量：外圆磨（0.05~0.5）B/r，内圆磨（0.1~0.3）B/r，平磨（0.4~0.6）B/dst（B 为砂轮宽度）。

5）磨削余量：应小一些，如磨不锈钢。

5）磨削余量：0.15~0.3mm。

4. 磨削液：乳化液，供给量为（20~40）L/min。

注意：切削液供给充足；及时修整砂轮；CBN 砂轮不能用水基切削液，要用切削油。

四、钛合金的磨削

1. 磨削特点

1）磨削温度高：由于钛的热导率低（5.44~15W/(m·K)），磨温比磨 45 钢高 1.5~2 倍。

2）砂轮易磨损失效：磨削时，除黏结、扩散外，Ti还会与磨粒产生化学作用，造成砂轮工作表面严重黏附、磨损而失效。

3）法向磨削力大：比磨45钢大4倍。

4）磨削比G低：在相同的磨削条件下，磨削TC4的G为1.53，磨削45钢的G为71.5，两者相差47倍

2. 砂轮特性的选择

1）磨料：绿碳化硅（GC）和铈碳化硅（CC）磨时黏附较轻，磨削力小；用GC、CC为主磨料，以PA、SA、ZA、MA为副磨料的效果更好；JR、CBN等超硬磨料最好，它的G为529~658。

2）粒度：常用F36~F80。

3）硬度：硬度为K~M（中软1~中软2）。

4）黏合剂：一般采用陶瓷V，树脂B的磨削力小，磨温低一些。

5）组织：中等偏疏松的5~8号。

3. 磨削用量：平磨v_c=15~20m/s，v_w=18m/min，a_p=0.013~0.025mm，进给量为B/10；外磨v_c=15~20m/s，v_w=15~30m/min，a_p=0.013~0.025mm，进给量B/10~B/5；内磨v_c=20~25m/s，v_w=15~45m/min，a_p=0.005~0.013mm，进给量B/6~B/3；无心磨v_c=20~28m/s，a_p=0.013~0.025mm，工件通过速度为1.3~3.8m/min。

4. 磨削液：采用含S、P、Cl的极压切削油或极压乳化液。为了减轻砂轮黏附、堵塞，可采用浸渗固体润滑剂（MoS_2、石墨、硫黄、硬脂酸）。

五、软橡胶的磨削

1. 磨削特点：由于软橡胶的硬度、强度、弹性模量和热导率极低，伸长率极大，在磨削时，易堵塞砂轮，磨削温度高和气味大，装夹困难且易变形。

2. 砂轮：磨料为黑碳化硅（C），陶瓷黏合剂V，粒度F36，成形磨为F60~F80。

3. 磨削用量：v_c=25~35m/s，v_w=15~20m/min，进给量为B/5~B/2，a_p=0.05~0.4mm。

4. 磨削液：不能用油。采用苏打1%（质量分数）+亚硝酸钠（0.25%~0.5%）+甘油（0.5%~1%）+余量为水。上述材料配好后，在使用时再加100倍的水稀释。

5. 软橡胶螺纹的磨削：在车床上采用附加磨头和成形砂轮磨削。

六、纯铜和铝的磨削

1. 性能：铜的硬度为35~45HBW，A为50%；铝的硬度为25HBW，A为30%，λ为

226W/(m·K)，R_m为90MPa。

2. 磨削特点：工件表面划伤严重，有一道道沟凹纹，深度为0.5~17μm，手感粗糙，砂轮黏附特别严重，堵塞砂轮，使之失效；易发生烧伤和热变形。

3. 砂轮选择：应选用以树脂和石墨为黏合剂的以刚玉类或碳化硅为磨料的砂轮，粒度为F60~F80，中等组织。精磨时选用W_1石墨黏合剂，工件表面粗糙度Ra值可达0.025μm。

4. 砂轮修整：决定工件表面粗糙度Ra值大小的主要因素除砂轮粒度外，就是修整后的砂轮工作表面要达到微刃等高性。精磨时，砂轮未达到黏附磨损时，就必须进行修整。

七、磁钢的磨削

磁钢是磁合金的总称，是现代永磁材料。常用的有Al-Ni-Co5和Al-Ni-Co8。

1. 磨削特点：磁钢具有硬脆性能，在磨削过程中易产生破裂、烧伤和崩边现象，Al-Ni-Co5好一些。Al-Ni-Co8的晶格有明显的方向性，在磨削方向与柱状结晶组织的方向一致时，几乎不发生崩边现象，即使有也很小。磨削方向与柱状结晶组织的方向垂直时，崩边现象就严重。

2. 砂轮：一般选用碳化硅或刚玉为磨料，粒度为F46~F60，硬度为J或K（软3和中软1）的大气孔砂轮。也可采用开槽的GC砂轮，进行间断磨削，其加工效率可比不开槽的砂轮高4倍以上，表面粗糙度Ra值可达0.8~0.4μm，并可以不用修整砂轮。

3. 磨削用量：v_c=30~35m/s，a_p=0.005~0.01mm，进给量小一些。

注意：加大磨削液的冲洗用量。在平磨的切入切出处加防护，以防崩边。砂轮要保持锋利。

八、热喷涂材料的磨削

热喷涂是一种对机械零件进行表面处理、修复、防护的工艺，可以提高零件的耐磨、耐热、耐蚀性，延长零件的使用寿命。由于热喷涂层含有许多高硬度、高熔点、高强度的金属和非金属，所以它的磨削加工性很差。

它的磨削。一种方法是以W、Mo、Al_2O_3为主体的磨削，特点是硬而脆，例如用绿色碳硅和金刚石为磨料的砂轮来磨削，最好是用金刚石，它的磨削比G可达1000；另一种方法是以Ni、Cr、V、Ti、Co、Mn、Nb为主体的磨削，特点是韧而黏，例如用刚玉和CBN为磨料的砂轮来磨削，最好用

CBN，其磨削比 G 可达 5000，而 WA 的 G 只有 0.62。还可以采用电解磨削，不但可以避免烧伤和裂纹，效率还可提高 3~5 倍，G 可达到 400。

九、工程陶瓷的磨削

1. 性能：R_{mc}=3000~5000MPa，硬度 2200~2800HV，耐热>1100~1200℃，ρ 为 3.14~4g/cm³，λ=20.9~31W/(m·K)，σ_{bb}=350~1200MPa。

2. 磨削特点：砂轮磨损大，磨削比小，采用金刚石砂轮的 G 是磨玻璃的 1/30；磨削力大，磨削效率低，$F_c<F_p$。它的机理是脆性破坏。

3. 砂轮：磨料为人造金刚石，粒度为 F80~F120，半精磨的粒度为 F120~F150，精磨的粒度为 F180~W40，结合剂为 J 和 B，砂轮浓度为 100%~150%（4.4~6.6Ct/cm³），精磨时 25%（1.1Ct/cm³），B（结合剂）选用浓度 50%~100%（2.2~4.4Ct/cm³）。

4. 磨削用量：外磨 v_c=25~30m/s，v_w=10~12m/min，a_p=0.01~0.03mm，纵向进给量 $B/6$；内磨，v_c=20~25m/s，v_w=15~25m/min，a_p=0.01~0.015mm，纵向进给量 $B/12~B/6$；平磨，v_c=20~28m/s，工作台速度 12~15m/min，a_p=0.01~0.03mm，横向进给量<$B/4$。

5. 提高磨削效率的方法：采用铸铁结合剂砂轮，其 G 提高 3~4 倍；采用机械去除和电熔的复合磨削法，不仅表面缺陷小，效率也高；砂轮电解磨削结合剂，使砂轮锋利。

十、高、超高强度钢的磨削

1. 性能：抗拉强度 R_m>1200MPa 为高强度钢，R_m>1500MPa 为超高强度钢，最高 R_m 可达 1960MPa。硬度为 35~50HRC，A 为 3.5%~14%，a_k 为 22.6~88.3J/cm²，λ 为 45 钢的〔50.2W/(m·K)〕一半。

2. 磨削特点：磨削力大，为 45 钢的 1.5 倍；磨削温度高，易产生烧伤，由于 Ni、Mo、Si 合金元素加入后，λ 显著降低；加工硬化，硬化程度可达 50% 左右，硬化深度为 0.01~0.03mm

3. 砂轮：磨料为刚玉（WA、SA、A、MA），粒度为 F46、F60，硬度 H、J、K（软2、软3、中软1），陶瓷结合剂。

4. 磨削用量：v_c<30m/s，a_p<0.02mm，精磨 a_p<0.01mm。

1）外磨：v_c=20~30m/s，v_w=20~30m/min，a_p≤0.01~0.02mm，纵向进给量（$B/8~B/4$)/r。

2）内磨：v_c=15~30m/s，v_w=15~25m/min，a_p=0.005~0.025mm，纵向进给量（B/6~B/3）/r。

3）平磨：v_c=15~30m/s，工作台速度15~25m/min，a_p=0.01~0.025mm，横向进给量为（B/10~B/4）/dst。

5．磨削液：水基磨削液。

第五章　精密切削与光整加工

随着科学技术的进步，工业产品也在不断地进步，对工业产品的性能和使用寿命的要求也越来越高。这对机械加工零件的加工精度和表面质量提出了更高的要求，这些要求的达到，迫使生产者必须采用行之有效的工艺方法。除磨削加工外，还有精密切削加工、珩磨、研磨、抛光、超精、滚压和挤压加工。这些加工方法设备工艺简单，其加工精度可达0.001mm以下，表面粗糙度Ra值可达0.006μm，有的工艺如滚压和挤压还可以强化表面，提高工件表面硬度和疲劳强度。

一、精密切削加工

精密切削是采用精密切削机床、微量进给机构和金刚石刀具，对相应工件材料的工件进行精密或超精密切削加工的一种工艺。其尺寸精度可达几个微米以下，表面粗糙度Ra值<0.1μm，可代替镜面磨削。主要用于铜、铝及其合金和塑料等难磨削材料的加工，是一种高效精密加工工艺。

（一）采用金刚石刀具的切削特点

1. 金刚石刀具有极高的硬度和耐磨性：它的硬度为10000HV，是自然界最硬的物质。天然金刚石的耐磨性是硬质合金的80~120倍，人造金刚石的耐磨性是硬质合金的60~80倍。用金刚石刀具切削有色金属、非金属和硬脆材料时，其刀具寿命是硬质合金的几十到几百倍，刃磨一次可使用几十至几百小时。

2. 切削时摩擦系数低：金刚石与金属的摩擦系数为0.1~0.3，是硬质合金的一半，可降低切削力和切削热。

3. 切削刃极锋利。一般刀具的切削刃口钝圆半径ρ=0.01~0.05mm，而金刚石刀具的切削刃口钝圆半径ρ=0.1~0.5μm，如经仔细研磨后切削刃口钝圆半径ρ为0.008~0.005μm，就可切下微米以下的切削层。

4. 有很高的热导率：金刚石的热导率λ=2000W/(m·K)，可使切削区的切削热很快传导出去，使切削温度低，可进行高速切削。

5. 有很低的线胀系数：金刚石的线膨胀系数为$(0.8~1.18)\times10^{-6}$/℃，约为硬质合金的1/7，高速钢的1/10，因切削热引起的变形极小。

6. 弹性模量极大：金刚石的弹性模量E为900000MPa，是一般钢的4倍多，不易变形，可以长期保持切削刃锋利。

（二）精密切削适用的范围

用金刚石刀具，在高速和微进给下，对有色金属及其合金、非金属进行精密车削和镗孔。如铜和铜合金、铝和铝合金、锌和锌合金、镁和镁合金、钛合金、金、银、铂、聚酰胺纤维和塑料等。领域有航天、航空、汽车、电子、光学等。

（三）精密切削机床应具备的条件

要求机床主轴的回转精度高，轴向和径向圆跳动应小于 $0.05\mu m$，刚度好而无振动。转速 $n=1000\sim10000r/min$，直线导轨应具备高精度和相应进给要求，微量进给无爬行，背吃刀量精度小于 $1\mu m$。现代数控机床传动链短，能高速旋转，振动小，运转平稳，能微量进给，也可用于精密切削加工。

（四）精密切削时对环境的要求

工作环境温度应是20℃左右，否则温差太大会产生热变形，从而影响加工精度。

（五）金刚石刀具

1. 天然金刚石刀具：天然金刚石的硬度为10000HV，抗弯强度 σ_{bb} 为 $210\sim460MPa$，热导率 λ 为 $2000W/(m\cdot K)$，耐热性 $700\sim800℃$。用它作刀具时必须选向，因为在不同的晶面上，其硬度和耐磨性相差几十至几百倍。天然金刚石刀具的价格昂贵（4000~7000元/把），主要用于精密和超精密切削。

2. 人造聚晶金刚石复合片（PCD）刀具：它是由人造金刚石微粉烧结而成，各方向硬度一致，不需选向。硬度为8000~9000HV，与硬质合金复合后，其抗弯强度 σ_{bb} 可达 1500MPa，切削上述材料时，表面粗糙度 Ra 值可达 $0.05\mu m$。除用于精密切削外，还可用于硬质合金、陶瓷、砂轮、复合材料、高硬度热喷涂层等材料的高效切削加工，其刀具寿命是硬质合金的几十至几百倍。

3. 人造金刚石厚膜钎焊复合片（CVD）：它是利用化学气相沉积（CVD）工艺，制成金刚石纯度较高的直径 $\phi60\sim\phi80mm$，厚度 $0.5\sim0.7mm$ 的厚膜，再用激光切割成所需刀片，再在真空条件下钎焊在硬质合金刀片上，形成复合刀片，再焊在可转位刀片或刀杆上，经过刃磨而成。金刚石层的硬度为10000HV，各方向一致，性能优于PCD，用途相同，精密切削时表面粗糙度 Ra 值可达 $0.05\mu m$ 以下。

（六）金刚石刀具几何参数

金刚石刀具的 $\gamma_o=0°$，PCD 和 VCD 的 $\gamma_o=0°\sim5°$，$\alpha_o=10°\sim12°$，$\kappa_r=30°\sim45°$，$\kappa_r'=1°\sim2°$，过渡刃为直线形，修光刃为直线形或圆弧形。天然金刚石的刃口钝圆半径 $\rho=0.03\sim0.002\mu m$ 才能进行微量切削。用PCD或CVD代替天然金刚石刀具，可使刀具成本下降到天然金刚石刀具的几十分之一。在精密和超精密切削时，刀具安装要求严格（刀尖和工件旋转中心等高，用5倍放大镜观测，使修光刃必须与进给方向平行）。

（七）精密和超精密切削的切削用量

1. 背吃刀量：一般 $a_p=0.01\sim0.4mm$，精度要求很高时，$a_p=0.01mm$。

2. 进给量：一般 f=0.01~0.06mm/r，大多时 f=0.02~0.04mm/r。

3. 切削速度：对铜、铝等有色金属及合金，v_c=350~700m/min。但在选择时，必须是机床振动最小所相对应的转速，这时 v_c 最佳。

（八）切削液

进行精密切削时，正确选用切削液十分重要。可减小摩擦，降低切削力和切削热，提高刀具寿命，降低工件表面粗糙度值，同时也可冲走碎屑，清洁工件和刀具。切削有色金属时，一般采用75%（质量分数）的煤油和25%的锭子油的混合油。

二、珩磨加工

珩磨加工是磨削加工的特殊工艺形式，它的实质是一种低速磨削，也是一种高效率光整加工方法。其加工范围大，加工精度高，可在多种机床上采用，而工具和操作简便，可代替磨削。

（一）珩磨加工特点

1. 加工范围广：主要用于孔的光整加工，如圆柱孔、台阶孔、不通孔和圆锥孔等。也可用于平面、球面、成形面和外圆表面的光整加工。珩磨孔径为 $\phi1$~$\phi1200$mm 或更大，孔长可达1200mm，几乎所有的工件材料都可以进行珩磨。

2. 加工表面质量好：珩磨后的表面呈交叉网纹，有利于润滑油的储存和润滑膜的保持，耐磨损和使用寿命长。还由于珩磨速度是磨削速度的几十分之一，磨削力和磨削热小，工件表面不会产生烧伤、裂纹和变质层。

3. 加工精度高：采用珩磨加工内孔时，其圆度和圆柱度可达0.01~0.005mm，表面粗糙度 Ra 值可达0.2~0.05μm 以下，但珩磨加工不能提高位置精度。

4. 对机床精度要求低：珩磨加工除采用专用的珩磨机床外，也可以在车床、镗床，钻床上进行。只需增加一个工步即可。

（二）珩磨加工原理

珩磨加工是利用装在珩磨头圆周上的若干条磨石，由涨开结构将油石径向胀开，使磨石压向工件孔壁，产生一定的压力和接触面积，在珩磨头（或工件）旋转和往复运动中，对工件孔进行低速磨削，如图5-1所示。

为了减小机床主轴与工件中心不同轴和机床主轴旋转精度对工件加工精度的影响，珩磨头与机床主轴的连接采用浮动连接，以孔为导向。珩磨时，磨石工作表面与孔壁重叠接触点相互干涉，相互修整，在珩磨运动中使孔表面呈现交叉的螺旋线切削轨迹。由于运动轨迹不重复，使干涉点的机会差不多均等，切削作用不断减弱，孔与磨石的圆度和圆柱度不断提高，孔壁的表面粗糙度 Ra 值不断降低，最终达到所需要的尺寸精度，完成珩磨加工。

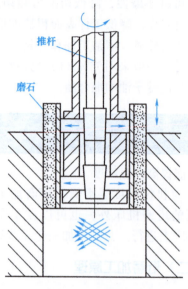

图 5-1 珩磨运动

（三）珩磨头的结构

在珩磨加工过程中，工件的加工精度（尺寸和形状）、加工效率、加工表面质量，都取决于珩磨头的结构是否合理，同时也取决于机床的进给方式、磨石特性和工件夹具。珩磨头的结构好，磨石胀缩均匀，切削液易进入、磨粒易排除，磨石的修整与定位准确，都将直接影响珩磨效果。珩磨头的磨头是由磨头体、磨石座、磨石、导向条、弹簧和锥体胀芯所组成，如图 5-2 所示。珩磨头的结构与尺寸，是根据被加工工件的结构与尺寸设计制造的，原理都相同。有定压胀紧、台阶孔、手动胀缩、有万向和没有万向连接，小孔、单磨石和对开瓦，不通孔和圆锥孔珩磨头。

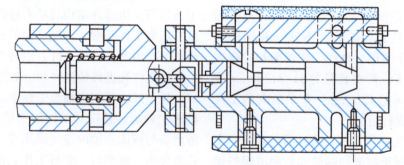

图 5-2 有万向接头的珩磨头

（四）磨石的选择

1. 磨石特性的选择：磨石的磨料有刚玉类、碳化物类、人造金刚石和立方氮化硼，可根据工件材料和加工质量要求进行选择。过去多采用前两种磨料，现代多采用后两种磨料。因为后两种磨料的硬度比前两种高 3~4 倍，耐磨性高，寿命长，切削刃锋利，加工质量好，相对成本最低。磨石的结合剂，一般采用树脂结合剂，前两种磨料的磨石多采用陶瓷结合剂。对于几毫米以下的小孔，采用金属结合剂（电镀）。磨料的粒度是根据工件表面粗糙度值要求来选择的。粗粒度加工效率高，表面粗糙度 Ra 值大，反之则低，表面粗糙度 Ra 值就小。当磨料粒度在 F120~F150 时，表面粗糙度 Ra 值可达 0.58μm；F150~F240 时，表面粗糙度 Ra 值可达 0.4μm；F240~W40 时，表面粗糙度 Ra 值可达 0.2~0.5μm，此选择和磨削基本相同。对于超硬磨料（人造金刚石和立方氮化硼）磨石还有选择合理浓度（每立方厘米所含超硬磨料的克拉重量）的问题，一般选择 75%（3.3Ct/cm³）和 100%（4.4Ct/cm³）浓度为宜。上述选择方法也适用珩磨轮珩磨。

2. 磨石（珩磨轮）尺寸的选择：工件材料硬度高时，磨石窄一些，反之应宽一些。工件材料为脆性时，磨石宽一些。加工塑性材料，磨石窄一些，有利于排屑。珩磨头油石总宽度为孔的圆周长的 15%~28% 为宜。磨石的长度为孔径的 1~1.5 倍，小孔为孔长的 1/2~2/3，以使导向好。珩磨轮的直径 $\phi60$~$\phi100$mm，轮宽为 25~35mm。

（五）珩磨用量

1. 珩磨合成速度：它是由珩磨头的圆周速度 v 和往复速度 v_a 合成的。磨石上的磨料在工件孔表面上的运动轨迹是两条相交叉呈一定角度的螺旋线，是由无数磨粒切削的结果，使工件表面上形成交叉网状纹理。网状纹理交叉角 θ 称为交叉切削角，如图 5-3 所示。

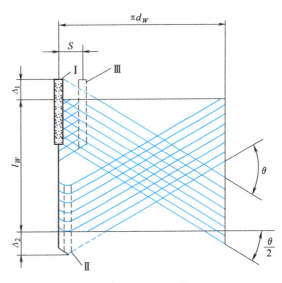

图5-3 单个珩磨条的交叉角 θ

不同的工件材料的圆周速度 v 也不相同，工件材料硬度高的 v 低，工件材料软的 v 相对高一些，一般 v=20~60m/min。往复速度 v_a=18~25m/min，交叉角 θ=40°~90°，合成速度 v_c=18~35m/min。

2. 珩磨头磨石压力：是指垂直作用在磨石上单位面积的平均压力。粗珩时的工作压力为 0.2~0.5MPa，超精珩时为 0.05~0.1MPa，面积单位为 mm²。

3. 珩磨进给量：进给量的大小取决于工件材料的硬度、磨料粒度和加工阶段（粗、精加工）。工件材料硬度高和精加工时珩磨进给量小一些，一般粗珩为 1.8~3.2μm，精珩为 0.1~1.5μm。

4. 珩磨条的工作行程 l 和越程量 a：取决于磨石的长度 l_1，同时也影响珩磨后工件孔的圆柱度，如图5-4所示。$l=L+2a-l_1$（L 为工件孔长）。一般磨石的越程量取磨石长度 l_1 的1/5~1/3。

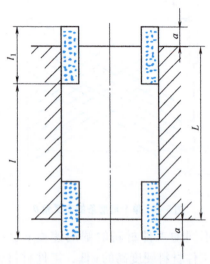

图5-4 珩磨磨石行程与越程量

5. 珩磨余量：珩磨余量的大小与前工序形状误差和表面粗糙度值大小有关，也即是珩磨余量必须大于这两者的总误差。一般取前工序总误差的2~2.5倍，同时也和生产的批量有关。单件生产为0.04~0.1mm，成批生产为0.02~0.06mm。

（六）珩磨液

珩磨时，一定要采用具有良好清洗作用、冷却作用和有一定润滑作用的珩磨液。加工钢时采用煤油80%~90%（质量分数）加2号锭子油10%~20%或煤油55%加油酸40%加松节油5%；加工铸铁时，采用煤油或煤油加10%~20%的2号锭子油；加工铜或铝合金时，采用煤油。在使用珩磨液时必须过滤，以免划伤工件表面。此处所介绍珩磨液也适用于珩磨轮珩磨。

（七）轮式珩磨加工

1. 轮式珩磨加工原理：轮式珩磨加工也是一种对工件光整加工方法。它的原理与实质是用细粒磨具在弹性压力下，对工件表面进行低速磨削。轮式珩磨有单轮、双轮和多轮珩磨方式，图5-5所示为双轮珩磨轴外圆。工件旋转带动珩磨轮被动旋转，珩磨轮的轴线与工件轴线在空间相交27°~35°夹角，珩磨轮在弹簧的作用下压向工件表面，并轴向进给，组成珩磨运动，完成珩磨加工。轮式珩磨加工主要用于光整加工内、外圆表面，如各种轴类、套类、轧辊、缸筒、活塞杆、大型轴承内外圆滚道。加工材料有钢、铸铁、硬质合金、淬火钢等。

2. 轮式珩磨加工的特点：轮式珩磨加工可以高效获得较低的工件表面粗糙度值，在一道工序中增加一个此工步，即可以使表面粗糙度 Ra 值达6.3~12.5μm，通过两三次走刀珩磨，便可使表面粗糙度 Ra 值达0.2~1.6μm以下，十分快捷。可提高工件耐磨性、耐蚀性和使用性能。对前工序要求不高，只要在达到形状和位置精度的情况下，留0.03~0.1mm余量即可，并可代替一些难磨工件的磨削（如细长轴和杆，各种缸筒，箱体孔等）。对机床精度不高，可在车床、铣床、镗床和钻床上进行。适用范围广，对不同硬度、材质的工件材料均可以进行珩磨。

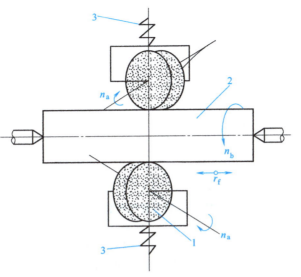

图5-5 轮式珩磨原理图
1—砂轮 2—工件 3—弹簧

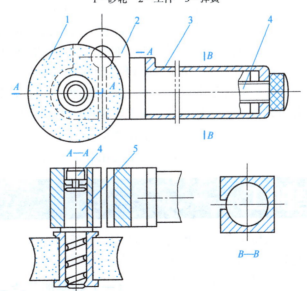

图5-6 在车床上用的外圆轮式的珩磨工具
1—珩磨轮 2—弹性刀杆 3—方套 4—螺钉 5—小轴

3. 轮式珩磨工具：根据工件的批量和工件尺寸制造的，有很多种结构，其原理和功用都相同。双轮和多轮多用于定尺寸和批量生产。但单轮内、外圆珩磨工具，如图5-6和图5-7所示，适用尺寸范围大，结构简单，易于制造，操作方便，而广为采用。

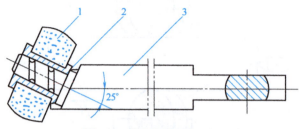

图5-7 内孔轮式珩磨工具
1—珩磨轮　2—套和轴　3—刀杆

4. 珩磨轮的磨料：一般采用白刚玉（WA），粒度为F150~F240。如珩磨硬质合金、陶瓷时，采用碳化硼、金刚石和立方氮化硼。结合剂为树脂。一般为自己制造（参看《精密切削与光整加工技术》一书134页）。珩磨轮固化后，必须用内孔定位，用PCD刀具车削外圆和两端面，以避免圆跳动。珩磨轮的弧形工作面在珩磨过程中自行修整形成，这时它的珩磨效果最好。

5. 轮式珩磨用量：（a）珩磨速度，即工件或磨头速度，v_c=50~150m/min，v_c高效率高；（b）进给量，一般为f=1~3mm/r；（c）珩磨余量，一般$2a_p$=0.05~0.1mm；（d）接触压力，一般为50~200MPa，不能过大，否则会造成轴承发热。

注意：珩磨液的选用与条式珩磨相同。如不能连续浇注珩磨液时，可在珩磨轮上涂上研磨膏和加入少量油酸，以提高工作效率。如无煤油时，也可用乳化液代替。如发现工件表面产生波纹时，一是把珩磨轮用孔定位修车外圆，二是把珩磨轮取下翻转180°装上再用，予以消除。

三、研磨加工

研磨加工是一种有悠久历史的精密和光整加工工艺方法，它是利用附着或压嵌在研具表面上的游离细微磨粒，借助于研具在工件间施加一定压力和相对运动，从工件表面上切除极细微的切屑，使工件获到极高的加工精度和极低的表面粗糙度值，而广泛应用于精密与超精密加工。

（一）研磨加工特点

1. 通过研磨可以获到极高的精度，公差等级可达 IT01 级。工件表面粗糙度值可达 $Ra0.1\sim0.006\mu m$，并可以进行 $0.1\mu m$ 的微量切削。

2. 可以使偶件配研获到极精密的配合。

3. 研磨在低速、低压力下进行，产生的热量很小，工件表面不产生变质层，从而质量好。

4. 研磨装置和研磨机床的结构较为简单，既可以用于单件生产，也适用于成批生产。手工研磨的加工精度，是依靠与工件精度相适应的研具精度和工人的操作技术来保证的。机械研磨的加工精度，也是依靠高精度的研具和合理的运动轨迹与正确的操作方法来保证的。

5. 在研磨的过程中，较硬的磨料磨粒容易嵌入较软的工件表面，从而影响工件的使用寿命和光学特性。

6. 研磨加工效率低，研具的材料较软，易磨损，应及时修复，以保证研具应有的精度。

（二）研磨可加工的材料与型面

研磨可以加工各种钢（包括淬火钢）、铸铁、铜、硬质合金等金属材料，也可以加工陶瓷、半导体、玻璃、塑料等非金属材料。加工的工件表面形状，有内外圆柱面、圆锥面、平面、凹凸面、内外球面、螺纹、齿轮等。

（三）研磨的原理

研磨时，在研具和工件表面间，加入适量的研磨剂，在一定的压力作用下，进行往复和旋转的复合运动，或旋转和行星运动的复合运动，使研磨剂中的磨粒在研具和工件表面之间进行滑擦或滚动进行微量切削。由于磨料的磨粒很细微，只能切下极薄的工件表层，而使工件表面得到极小的网状纹理，从而使工件得到极高的加工精度和表面质量。按研磨剂的使用条件，可分为湿研（即敷砂研磨，图5-8）、干研（即嵌砂研磨）和半干研（即糊状研磨膏研磨）。

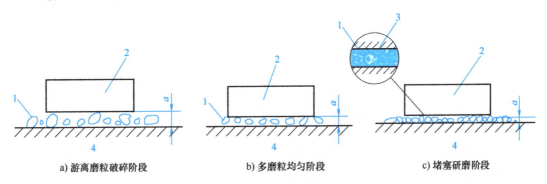

图5-8 湿研过程示意图
1—研磨剂 2—磨石 3—研磨膏 4—工件

（四）研磨能达到的加工精度

研磨是在良好的预加工基础上的磨削，能对工件表面进行 0.01~0.1μm 的微量切削，并微量进给，这是其他加工方法难以实现的，因此可以获得比其他机械加工方法高几倍的加工精度和表面质量。尺寸公差可达到 0.025μm，表面粗糙度值可达 Ra0.006μm。一般机械加工方法是遵循"复制加工"，而研磨却是"创制加工"贯穿于始终。在此过程中，使研具和工件的精度同时提高，并高于研具的原始精度。

（五）研磨剂

由磨料、研磨液和辅助填料混合组成。根据研磨的方法和工件材料的不同，可制成液态研磨剂、研磨膏和固态研磨剂。而磨料是研磨剂的基本成分，它的性能优劣和选择合理与否，直接影响到研磨效率与质量。

1. 磨料：常用的磨料有刚玉类、碳化硅类、碳化硼类、金刚石和立方氮化硼。在精研时，为了进一步降低工件表面粗糙度值，还采用氧化铁、氧化铬和氧化铈等软磨料。在研磨一般钢件时，采用刚玉磨料。研磨铸铁、硬质合金、宝石、陶瓷等硬脆材料时采用碳化硅或碳化硼磨料。研磨硬质合金、陶瓷、宝石、光学玻璃，应选用金刚石磨料。在研磨高速钢和模具钢时，应选用立方氮化硼磨料。磨料粒度的选择，和研磨效率与工件表面粗糙度值有直接关系。粒度粗效率高，表面粗糙度 Ra 值大，反之则低而小。一般选用 W0.5~W40，这时的表面粗糙度 Ra 值可达 0.006~0.4μm。

2. 研磨液：在研磨的过程中，研磨液起着冷却和润滑的作用，并使磨料的磨粒均匀地分布在研具表面上。钢粗研时，用 L-AN10 全损耗系统用油，精研时用 L-AN10 全损耗系统用油 1 份，加煤油 3 份，汽轮机油或锭子油少量，或加轻质矿物油或变压器油；研磨铸铁时，用煤油；研磨铜时，用动物油加少量锭子油或植物油；淬火钢、不锈钢研磨时，用植物油、汽轮机油或乳化液；研磨金刚石用橄榄油或圆度仪油或蒸馏水；研磨硬质合金用汽油；研磨金、银、铂用酒精；研磨玻璃和水晶用水。

3. 辅助填料：辅助填料在研磨过程中，起吸附和提高加工效率的作用。常用的有硬脂酸或油酸、脂肪酸和工业用甘油等，按比例调制而成。

4. 研磨剂的配制：液态研磨剂在湿研时用煤油、混合脂，加磨料微粉，配比不严格，浓度（重量比）取 30%~40%。微粉细和机床自动供给时，浓度适当减小。干研时，磨料微粉 15g，混合脂 8g，航空汽油 200mL，煤油 35g，浸泡一周后使用。研磨膏磨料微粉 20%~50%（质量分数，下同），油酸 25%~30%，混合脂 18%~30%，有时在极细微粉研磨时，加凡士林约 15%。固体研磨剂（研磨皂），是用来提高工件光泽用的，其配方是氧化铬 57%，石蜡 21.5%，蜂蜡 3.5%，硬脂酸混合脂 11%，煤油 7%。

（六）研具的作用与材料

1. 研具的作用：研磨加工的成形"模型"，在一定程度上把本身的几何形状精度复制给工件。研具是研磨剂的载体，用以涂敷和镶嵌磨料，在它与工件的相对运动中，对工件进行加工，使工件获得正确的加工精度和表面质量。研具必须有沟槽，能贮存磨料和防止磨料堆集。研具必须具有一定的几何精度，足够的刚度。研具的材质必须紧密而无杂质，硬度均匀。

2. 研具的材料：铸铁适用于研磨各种材料。低碳钢用于研磨小直径螺纹和小孔。黄铜和纯铜适用于粗研和研磨宝石。硬木适用研磨铜和软金属。锡适用于提高表面质量的研磨场合，由于它软，因此不能改变工件形状。

（七）研磨运动参数

1. 研磨运动轨迹：有直线往复式、正弦曲线式、圆环线式，及内、外摆线式等，如图 5-9 所示。

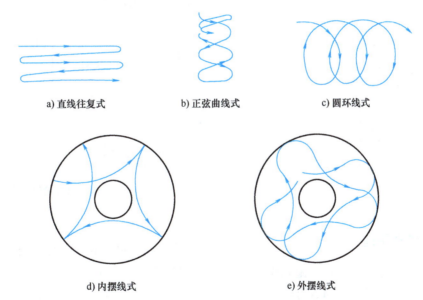

图 5-9 研磨运动轨迹

2. 研磨压力：湿研压力为 10~25MPa，干研为 1~15MPa，精研取小值。

3. 研磨速度：研磨效率与研磨速度成正比。湿研为 20~100m/min，干研为 10~20m/min，工件精度高和工件材料软取最小值。

4. 研磨余量：内孔为 $2a_p=0.01～0.03mm$，外圆为 $2a_p=0.005～0.01mm$，平面为 $0.005～0.01mm$。

注意：研磨剂一定要保存好，避免灰尘落入。在更换不同粒度的研磨剂时，一定要把研具和工件上原有的残留物用煤油清洗干净，以免划伤工件。研磨环境应无灰尘，而且室温为20℃左右。

四、抛光加工

抛光是机械加工中对产品零件的光整加工工艺，可使零件表面达到光亮的镜面要求，也可以用粗粒度磨料把工件表面打毛和去除毛刺。抛光的工艺和工装简单，适用于各种固体材料的光整加工。抛光工艺，在产品零件的机械加工中占有十分重要的地位，特别是现在各种模具和装饰零件及外观要求高的零件，在电镀前必须经过抛光。根据抛光过程所达到的加工表面质量不同，可将抛光分为粗抛、中抛和精抛三个阶段。粗抛时，一般采用预先用黏结剂粘好磨料的抛光轮进行抛光。由于磨料粘的牢固，因此抛光过程近似于用砂轮磨削或砂带磨削。在中抛或精抛时，先将抛光剂涂压在较软质的抛光轮上，然后将工件压在高速旋转的抛光轮上进行抛光。

（一）抛光原理

由黏结或敷有磨料的弹性抛光轮，在高速旋转条件下，对工件表面进行软研磨。其抛光可分为以下三种：

1. 固定磨料抛光：如图5-10所示，它是用胶黏结的固定磨料进行抛光。由于磨粒和柔软的抛光轮表面黏结牢固，所以切削力较大，其原理近似于磨削。在抛光时，抛光轮的旋转方向与工件进给方向相同时，可获得十分光泽的表面。如方向相反，抛光轮与工件接触的地方有较大的切削力，工件表面有划痕，较为粗糙。

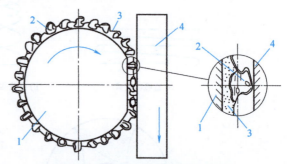

图5-10 固定磨粒抛光轮的工作情况
1—抛光轮 2—磨粒 3—黏结剂 4—工件

2. 黏附磨粒抛光：图5-11所示，是用油脂黏附的磨粒抛光轮的工作情况。磨粒在抛光力的作用下，可在润滑脂中缓慢的滚动，使磨粒的全部切削刃都有机会参加工作，使抛光轮保持长期的工作能力。在此过程中，在摩擦热和加工压力的作用下，抛光剂中的脂肪酸等介质和金属表面发生化学反应，生成易于去除的化合物，从而加快了抛光效率。

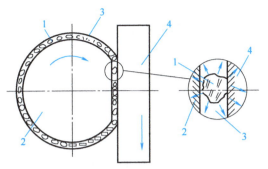

图 5-11 黏附磨粒抛光轮的工作情况
1—磨粒　2—抛光轮　3—油脂　4—工件

3. 液中抛光：液中抛光的抛光轮，一般采用材质均匀经过脱脂处理的木材或特制的细毛毡制作。这两种均为高浸含性材料，在抛光过程中，能浸含大量的抛光液供加工过程中使用。其原理是通过抛光过程的四个阶段来完成抛光，即自由抛光阶段，镶嵌抛光阶段，饱和钝化抛光阶段和"壳膜"化抛光阶段。在用细毛毡抛光轮时，由于毛毡松软、均匀，弹性和浸含性大，整个抛光时间短，只能有镶嵌，饱和钝化和"壳膜"三个阶段。

（二）抛光轮的材料

抛光轮的材料有棉布、麻、毛毡、皮革、硬壳纸、软木材、毛织品等比较柔软的材料。粗抛时需用大的抛光力，以提高工作效率，可采用帆布、毛毡、硬壳纸、软木、皮革、麻等比较硬的抛光轮材料。中抛和精抛时，则选用柔软性较好及与抛光剂保持好的棉布、毛毡等抛光轮材料。抛光轮的材料，在制作前还需进行处理。处理的目的是增大刚性，以提高抛光能力，强化纤维，延长使用寿命，增加柔软性，以增强"仿形"能力，提高对抛光剂的保持性、润滑性和耐燃性。处理的方法有漂白、上浆、蜡处理、树脂处理及药剂处理等。抛光轮的弹性与刚性，可通过对抛光轮的缝合方式、网纹间隔来加以调整。漩涡状缝合方式，因制造和使用方便而应用广泛。此外还有同心圆状、棋盘状和放射状缝合方式。缝合方式相同，缝合间隔大，则抛光轮的弹性大，反之则小而刚性好。

（三）抛光剂的选择

抛光剂是由粉状抛光材料与油脂及其他适当成分的介质均匀混合而成。按在常温下的状态，可分为固体抛光剂和液体抛光剂。固体抛光剂按介质组成的性质，可分为油脂性和非油脂性抛光剂两种。液体抛光剂，根据介质组成的性质，可分为乳浊状型、液体油脂性型和非油脂型抛光剂三种。但用得最多的是固体抛光剂。

1. 固体油脂性抛光剂：有赛扎尔抛光膏（熔融氧化铝），用于碳素钢、不锈钢和非铁金属的粗抛；金刚砂膏（熔融氧化铝，金刚砂），用于碳素钢、不锈钢的粗抛和中抛；黄抛光膏（板状硅藻岩），用于铁、黄铜、锌等的中抛；棒状氧化铁（氧化铁），用于铜、黄铜、铝、镀铜的中抛和精抛；绿抛光膏（氧化铬），用于不锈钢、黄铜、镀铬面的精抛；红抛光膏（精制氧化铁），用于金、银、铂的精抛；塑料用抛光剂（微晶无水碳酸），用于塑料、皮革、象牙的精抛。

2. 液中抛光液：一般采用氧化铬和乳

化液的混合液体。

（四）抛光磨料粒度的选择

抛光剂中磨料的粒度对工件抛光后的表面粗糙度值和抛光效率有直接影响。粒度粗，工件表面粗糙度值大，而加工效率高。反之，磨料粒度细，工件表面粗糙度值就小，加工效率就低。表面粗糙度值为 $Ra1.6$~$3.2\mu m$ 时，F46~F60；表面粗糙度值为 $Ra0.4$~$0.8\mu m$ 时，F100~F180；表面粗糙度值为 $Ra0.1$~$0.2\mu m$ 时，F240~W28；表面粗糙度值为 $Ra0.05$~$0.025\mu m$ 时，W5~W20；表面粗糙度值为 $Ra\leq 0.02\mu m$ 时，粒度<W5。

（五）抛光速度和压力的选择

1. 抛光轮的圆周速度：抛光时在一定压力条件下的圆周速度越高，磨粒的切削量就越小，有利于降低工件表面粗糙度值，抛光效率也相应提高。抛光钢、铸铁、镍、铬等较硬的材料时 $v_c=30$~$35m/s$，抛光铜和铜合金及银时，$v_c=20$~$30m/s$；抛光铝和铝合金、锌、锡等软材料时，$v_c=15$~$25m/s$。在实际工作中，v_c 的选择要根据具体情况，灵活取选择，以达安全、优质和高效为目的。

2. 抛光时的压力：抛光时工件压向抛光轮的压力大小，与抛光效率和工件表面质量密切相关。粗抛时，压力相对大一些，目的是提高工作效率。精抛时，采用较小的压力，以提高工件表面的质量。一般粗抛时，压力为10~30MPa，精抛时，压力为5~10MPa。

（六）其他抛光工艺

1. 砂纸（布）抛光：此种方法操作简便、灵活，是传统的工艺方法。可以在车床、磨床上加工，进一步降低工件表面粗糙度值，而且是用手工操作，不需其他设备。但抛光时必须根据工件表面粗糙度 Ra 值要求，合理选择砂布磨料粒度。如表面粗糙度 Ra 值要求 0.8~$0.1\mu m$ 时，选择砂布磨料粒度F180~F240。对于内孔和型面（槽）的抛光，现在广泛采用砂布叶轮抛光。这种叶轮是用树脂把磨粒黏结在砂布上制成，砂布粘在叶轮上呈渐开线形分布，十分柔软，密集度高而有弹性，使用时可安装在电动或风动工具上进行抛光。可根据工件表面的结构与要求，选择不同直径、粒度和形状的砂布叶轮，十分方便，而且价格低廉。

2. 液体抛光：它是将携带磨粒和液体的混合悬砂液，用压缩空气通过喷嘴高速喷向工件表面进行光整加工的方法。这种抛光方法，一般可从表面粗糙度值 $Ra0.2\mu m$ 的基础上，很快获得表面粗糙度值 $Ra0.05$~$0.1\mu m$。主要用于其他方法难于光整加工的表面（如小孔、复杂型面、小窄沟槽等）。

3. 电解机械研磨复合抛光：原理和电解磨削基本相同。抛光时，抛光头接直流电源负极，工件接直流电源正极，它们之间用液压泵把电解液注入抛光区。抛光时，抛光头以一定速度和压力旋转。在接通直流电源后，工件表面被电解液溶解而形成钝化膜，这极薄的钝化膜的硬度远低于工件材料本身的硬度，很容易被抛光头所带的磨料去除。这一过程在 0.1s 以下时间循环进行。所以电解机械研磨复合抛光效率高，质量好且成本低。

4. 超声电火花复合抛光：此技术是靠超声磨削和电火花放电来光整加工工件表面的。它比单纯超声机械抛光的效率高 3 倍以上。它最大的特点是可以高效率地抛光小孔、窄槽、缝隙极小的精密表面，表面粗糙度 Ra 值可达 $0.05～0.16\mu m$。

5. 磁力研磨抛光：它是把磁性磨料放入磁场中（图 5-12），磨料在磁场中沿着磁力线方向排列而形成磁刷，当工件放入 N-S 磁极中间，做相对运动时，两端磁极磨料对工件表面进行研磨抛光，工件表面粗糙度值可在 8～12s 时间内达到 $Ra 0.2\mu m$。

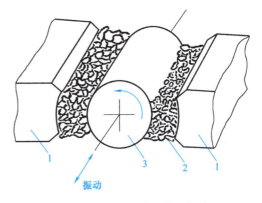

图 5-12　磁力研磨抛光示意图
1—磁极　2—磁性磨料　3—工件

五、滚压加工

滚压加工是一种靠压力光整强化工件表面的加工工艺，历史悠久。可以使工件表面粗糙度 Ra 值从 $3.2～12.5\mu m$，降低到 Ra 值为 $0.1～0.8\mu m$，使工件表层硬度比基体硬度提高 50% 左右，不仅提高了工件表面的光洁程度，也提高了工件的耐磨性、耐蚀性和疲劳强度，广泛应用于机械加工工艺之中。

（一）滚压加工的原理

利用金属在常态下的冷塑性特点，采用滚压工具，对工件表面施加一定的压力，使工件表层金属产生塑性微观流动，将工件原始残留下凸起的微观波峰熨平，使其填入凹下的微观波谷中，使工件表面粗糙度值降低。工件表面金属塑性变形情况，如图 5-13 所示。图中 d_w 为滚压前的直径，R_w 为滚压前的微观平面度，R_m 为滚压后的微观平面度，d 为滚珠直径，f 为进给量。

由于工件表层金属在滚压工具的压力作用下，发生较大的塑性变形，致使工件表层金属组织产生冷硬化，晶粒变细，沿着变形最大的方向延伸，使金属组织致密呈纤维状。在这个复杂的变形区，金属表层与基体之间产生了很大而有益的残余压缩应力，使工件表面的强度极限增高，塑性降低而硬度提高。因此，可使滚压后的工件疲劳强度、耐磨性和耐蚀性显著提高。滚压时，金属塑性变形越大，滚压效果就越好。

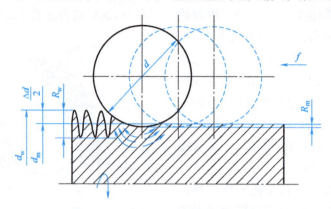

图5-13 工件表面金属塑性变形示意图

（二）滚压加工的特点

1. 可以获到较低的表面粗糙度值：滚压加工可在车、铣、刨、镗和精钻后，增加一个工步进行。一般工件的表面粗糙度 Ra 值 6.3~12.5μm，经滚压后可达到 Ra 0.05~0.8μm。

2. 强化金属工件表层：由于滚压后使工件表面产生了有益的残余压应力，使金属纤维组织完整，可使工件的疲劳强度提高 20%~50%，有利于承受交变载荷。使工件表面硬度可达 400HBW 以上，硬化层深度一般可达 0.2~5mm。

3. 提高工件的配合性能：滚压后的工件表面粗糙度 Ra 值低，增大了相配合偶件的接触面积，工件表面硬度提高，使耐磨性大大提高，提高了工件应力、过盈配合的可靠性和使用寿命。

4. 加工质量好：在滚压时，工件运动平稳，受力均匀，产生热量少，工件表面不会像磨削那样产生烧伤、裂纹和嵌砂。

5. 工具简单、效率高：一般滚压工具的结构和制造简单，对机床精度要求低，生产效率比磨削高10倍以上，易于实现自动化。

（三）滚压工具

1. 滚压工具的结构有很多种，总体来说可分为弹性滚压工具和刚性滚压工具。弹性滚压工具是用圆柱弹簧、碟形弹簧或弹性工具体支承滚压元件的滚压工具。刚性滚压工具，它是把滚压元件置于刚性结构工具体之中。前者现在用得最多，后者除用来滚压外，还可以通过滚压来矫直刚性较好的大长杆类工件。

滚压元件的材料与几何形状。滚压元件的元件材料有碳素工具钢、合金工具钢、高速钢和硬质合金。前三种必须淬火，硬度达到60HRC以上。它们必须经过磨削和抛光，使元件表面的表面粗糙度 Ra 值达到 0.05μm

以下。滚压元件的形状有球形、圆弧形、腰鼓形、圆柱形（适用于外圆、滚珠的轴线与工件轴线夹角α为15°~30°）和综合形（几种形式结合在一起）。

2. 外圆滚压工具：常用最典型的结构如图5-14~图5-16所示。

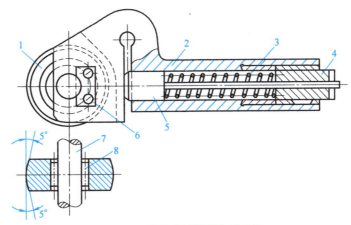

图5-14　单轮弹性外圆滚压工具

1—滚轮　2—工具体　3—弹簧　4—调整螺钉　5—推杆　6—挡板　7—轴　8—滚针

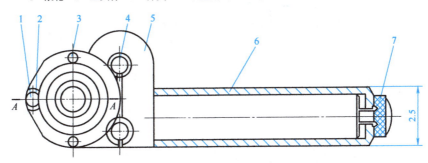

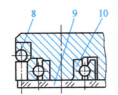

图5-15　硬质合金单柱外圆滚压工具

1—滚柱　2—支承套　3—十字螺钉　4—弹簧套　5—工具体　6—方套　7—螺钉　8—滚珠　9—防护板　10—轴承

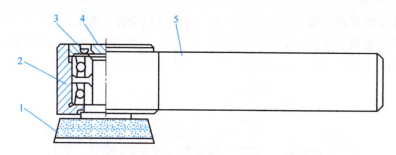

图5-16 硬质合金滚轮式外圆滚压工具
1—滚轮 2—轴承 3—轴 4—后盖 5—工具体

三种外圆滚压工具各有特点,图5-15的工具在使用前必须顺时针偏转15°~25°,使滚柱中间与工件表面接触长度小一些;图5-16的工具不仅可以滚压外圆,还可以滚压阶台面外圆。滚压速度可达60~150m/min。

3. 内孔滚压工具常用最典型的工具如图5-17~图5-19所示。

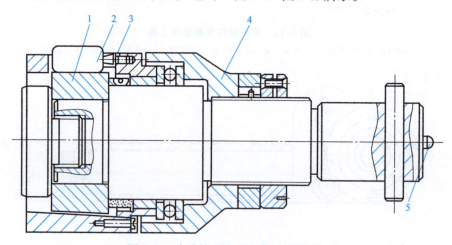

图5-17 多滚柱刚性可调式内孔滚压头
1—滚道 2—滚轴 3—支承钉 4—调节体 5—支承柱

图5-17所示的工具用于深孔(液压缸)的滚压,可以调整滚压过盈量。图5-18所示的工具,它是一种使用孔径尺寸范围大(ϕ40mm到几百毫米),结构简单,使用方便,安装在车床刀台上,可在精车后进行。图5-19所示的工具,它的结构与浮动镗刀相似,以平衡滚压力。在使用前,滚轮和主体之间必须偏转η角,有助于工作时平稳。

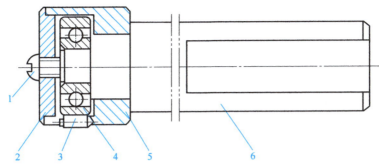

图5-18 单硬质合金腰鼓形滚柱内孔滚压工具
1—螺钉 2—压盖 3—滚柱 4—轴承 5—支承套 6—工具体

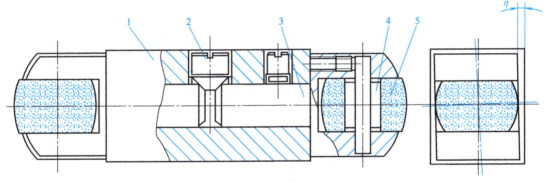

图5-19 双轮浮动内孔滚压工具
1—主体 2—调节螺钉 3—滚轮座 4—滚针 5—滚轮

(四) 滚压加工工艺参数

1. 外圆滚压：滚压力是滚压过程中的主要参数，它的大小和滚压后的效果直接相关。压力大，工件表面的硬化层程度和硬化层深度增大，工件表面粗糙度 Ra 值也相应降低。但压力不能过大，否则工件表面质量就会变差。一般的压力为2500~5000MPa。滚压进给量与工件表面滚压后的表面粗糙度 Ra 值有关。钢珠滚压时，f=0.2~0.3mm/r。滚轮滚压时，f=0.2~0.6mm/r。滚压行程次数，一般为1~2次。滚压速度，滚珠滚压为 v_c=10~30m/min，滚轮滚压时，v_c=50~100m/min；滚压前工件表面粗糙度 Ra 值要求，一般为 Ra3.2~6.3μm，也可以在磨削后进行滚压。滚压余量，又称压下量，即滚压前、后工件半径之差，一般为0.02mm左右。原始工件表面粗糙度 Ra 值大，余量应大一些，滚压圆形工件时，一般取工件直径的最大尺寸即可。滚压时，必须在工件表面涂上润滑油。

2. 内孔滚压：滚压过盈量，对一般钢材内孔滚压过盈量为 0.05~0.15mm。孔径大和孔壁较厚时取中偏大值，反之取中偏小值。进给量为 f=0.2~0.8mm/r。滚压行程次数，一般为一次。滚压前必须把内孔擦干净，涂上润滑油。现在在专业生产液压（气）缸的企业中，所用的滚压头，兼镗削和铰削（浮动镗刀）及滚压结合的复合加工功能，一次走刀就可完成内孔加工，如图 5-20 所示。

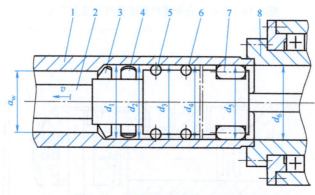

图 5-20 镗铰滚压复合加工示意图
1—工件 2—复合刀体 3—粗镗刀 4—浮动镗刀
5—一组滚压 6—二组滚压 7—精滚压柱 8—导向条

六、内孔挤压加工

挤压加工是小孔光整和强化加工中的一种高效率的工艺方法之一。它可以得到公差等级为 IT6~IT7 的工件，工件表面粗糙度值可达 Ra0.5~0.8μm，还可以提高工件表面硬度 50% 左右，从而使工件更耐磨，其加工效率是滚压加工的几十倍，广泛应用于小孔和短液压缸的加工之中。

（一）挤压加工的原理和特点

1. 挤压加工原理：挤压加工是通过挤压工具，在外力的作用下，使金属产生塑性变形并微观流动，把内孔表面残留的凸起微观波峰熨平，填入凹下的微观波谷中，使工件表面的表面粗糙度 Ra 值降低和表面层硬度提高。在这一过程中，挤压元件的表面粗

糙度 Ra 值就复印在工件表面上。

2. 挤压加工的特点：挤压加工的加工效率高，是滚压加工的几十倍。挤压工具简单，制造容易，对设备无特殊要求，可在油压机或拉床上进行。加工质量好，可以使挤压前的表面粗糙度 Ra 值 3.2~6.3μm，通过挤压达到 Ra0.5~0.8μm，并提高内孔表面硬度 50% 左右，从而提高工件耐磨性和疲劳强度。因此，它适用于小孔和直径 ϕ50mm 以下较短的液压缸的光整和强化加工。

（二）内孔挤压头的材料和几何形状

1. 挤压头的材料：可选用工具钢、合金工具钢、高速钢和硬质合金制造。前三类材料必须经过淬火，使硬度达到 62~66HRC。这些材料都经过车削、淬火、磨削和抛光，使元件表面粗糙度值达到 Ra0.05μm 以下。用硬质合金作挤压头，由于它的硬度为 89~92HRA (74~79.5HRC)，耐磨性好，有很长的使用寿命，可挤压几万件，而其他材料只能挤压 2000 件左右。为了进一步提高除硬质合金的挤压头的耐磨性和润滑性能，可进行氮化、渗硫和涂层处理。也可以采用陶瓷挤压头，由于它是非金属，能防止黏结现象。

2. 挤压头的几何形状：形状选择合理，对内孔挤压后的表面质量，加工精度、生产效率、挤压头的寿命和挤压力都有直接影响。挤压头工作部分的几何形状，如图5-21所示。

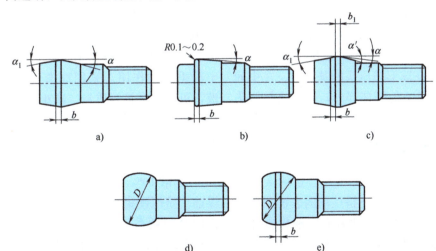

图5-21 内孔挤压头的几何形状

(a) 锥形挤压头：如图 5-21a 所示。它的工作部分，由前圆锥角 α，后圆锥角 α_1 和中部宽度 b 的圆柱部分组成。一般 $\alpha=3°30'$~4°，$\alpha_1=4°$~5°，$b=(d/13+0.3)$mm，式中 d 为孔径。前圆锥角 α 使金属塑性变形，宽度 b 进一步挤光内孔，α_1 使挤压头减小与孔接触面积，使金属弹性恢复。此种挤压头，制造简单，使用效果好，所以用得最多。

(b) 无后锥锥形挤压头：如图5-21b所示。它的特点与锥形挤压头相同，而无后圆锥角。

(c) 带有双重前圆锥角的锥形挤压头：如图5-21c所示。它由前圆锥角α、辅助前圆锥角α'、后圆锥角α_1和中间宽度b的圆柱部分所组成。这种挤压头是在a的基础上，增加辅助前圆锥角α'，使金属在挤压过程中的变形得到改善，压力较小，效果好，适用于碳钢和合金钢的挤压。

(d) 球形挤压头：如图5-21d所示。它的优点是在挤压过程中能自动调心，使用方便，工件金属不易黏结在球头上。此种挤压头的金属变形不平缓，制造困难，在实际工作中可用钢球代替。图中D为孔径+过盈量。

(e) 带圆柱的球形挤压头：如图5-21e所示。它是在球形挤压头的基础上，在中间增加了宽度为b的圆柱部分，以提高挤压头的寿命和孔的质量。

(三) 挤压孔的相关条件

1. 挤压过盈量：挤压过盈量的大小与工件材料、工件壁厚、挤压前的表面粗糙度Ra值大小、所要求工件表面冷硬程度和深度及所用润滑液有关。挤压过盈量太小，工件表面的峰谷无法熨平，表面粗糙度Ra值大。过盈量太大，会造成工件表面的拉毛和划伤。工件直径小和壁薄时，过盈量应相对小一些。一般钢的挤压过盈量为0.07~0.15mm，铸铁为0.05~0.12mm，铜为0.06~0.12mm。过盈量的大小与孔径成正比。

2. 对孔的预加工要求：孔在挤压前预加工的好，挤压后的质量就高。孔的预加工可以通过车削、镗削、铰削、拉削和磨削加工而使表面粗糙度Ra值达到3.2~6.3μm，在此情况下，通过挤压就可使表面粗糙度值达到Ra0.1~0.4μm。

3. 挤压速度：对一般塑性金属材料；v_c=2~5m/min；铸铁v_c=5~7m/min。精度要求高和表面粗糙度Ra值要求很低的工件，v_c=0.5~1m/min。

4. 润滑液：挤压加工时，润滑液起着十分重要的作用。采用润滑性能好的润滑液，可以提高挤压质量，减小挤压力，延长挤压头寿命。在挤压钢时，采用硫化黄化油、全损耗系统用油（70%~95%）（质量分数）+石墨粉（5%~30%）、全损耗系统用油90%+油酸10%，或MoS_2油膏。挤压铸铁用煤油。挤压硬铝用浓度高的乳化液。挤压青铜用全损耗系统用油。在这当中MoS_2和全损耗系统用油+石墨的润滑性最好。

七、超精加工

超精加工是一种对工件表面光整和精整的加工方法。超精加工可以在很短的时间内,从一般磨削后的表面粗糙度值为 $Ra0.2\sim0.4\mu m$,降低到为 $Ra0.012\sim0.05\mu m$,消除在磨削中的缺陷和变质层,从而使工件寿命提高几倍,因而广泛用于各种材料的工件和精密零件的最终加工中。

(一)超精加工的原理和特点

1. 超精加工的原理:超精加工是采用磨料为微粉的磨石,在一定的压力作用下,以短行程的往复运动,对工件表面进行微量磨削,如图5-22所示。图中 F 为压力,a_v 为磨石振幅,v_w 为工件速度,v_f 为纵向进给速度。

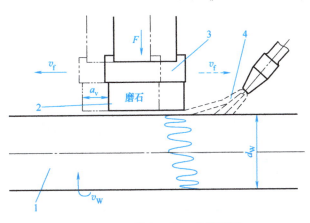

图5-22 超精加工的工作原理图
1—工件　2—磨石　3—振动头　4—切削液

超精加工广泛应用于加工内燃机曲轴、凸轮轴、刀具、轧辊、轴承滚道和滚子、精密量具、电子仪器等精密零件。能对钢、铸铁、磷青铜、铝、玻璃、花岗岩、硅和锗等材料进行加工。能对外圆、内孔、平面、球面、圆弧面和特殊轮廓面进行加工。

2. 加工特点:能显著提高工件表面质量,可使工件使用寿命提高5倍左右。超精后的工件,在装配后运转噪声大幅度减小,振动减小,运转平稳;磨削加工去除量为0.01mm左右,而超精加工的去除量为0.001mm以下,尺寸分散度小;磨削加工的工件表面有微观尖峰,加工纹理为直纹(图5-23a),当工件运转时,难存润滑油,还会产生烧伤;而超精加工表面没有微观尖峰,加工纹理为交叉网纹(图5-23b),易存润滑油和形成润滑膜,工件不易磨损;超精加工时间短,只需几秒至几十秒,是高精度镜面磨削效率的几十倍;超精加工设备简单,易于实现自动化,工件表面粗糙度 Ra 值可达 $0.006\sim0.05\mu m$。

(二)超精运动形式

超精加工各种工件的内外表面时,工

件在夹具中的定心方式，可分为无定心和有定心两种。根据进给方式，可分为轴向进给、切入进给和圆周进给。

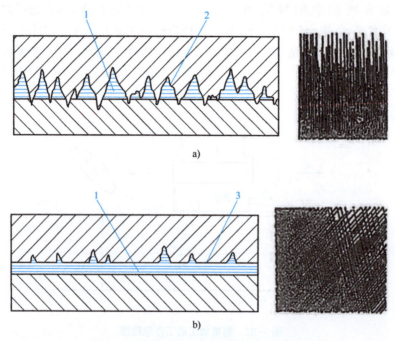

图5-23　磨削表面纹理与超精加工纹理的比较
1—润滑油　2—磨削表面　3—超精表面

1. 超精加工外圆：如图5-24所示。图5-24a是加工小直径圆柱体外圆，工件在导辊上旋转并做轴向运动进给，导辊近似双曲线体，而且较长，无级变速传动。图5-24b也是加工圆柱体外圆，工件在圆柱导辊上旋转，无轴向进给，可加工阶梯轴和大直径工件。图5-24c是采用轴向进给和双顶尖定位，加工工件较长、直径较大的圆柱体或圆锥体工件。

2. 超精加工轴承滚道：如图5-25所示。图5-25a、b是采用切入轴承内环滚道超精加工，工件采用有心和无心夹具夹持。为了使滚道中部截面呈微凸1~4μm，把磨石修成中凹形状。图5-25c是采用轴向进给，两端停留来加工大型轴承凸形圆锥滚道。为了使磨石在两端略做停留，一般超精头采用凸轮机构。图5-25d、e是加工轴承球形滚珠滚道，工件用有心和无心夹具夹持，工件旋转，磨石摆动并加压。

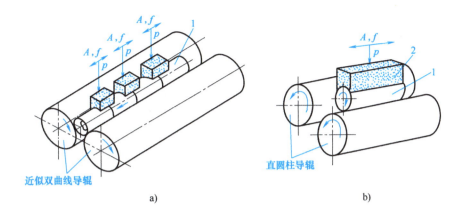

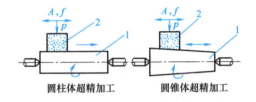

图 5-24 超精加工外圆

1—工件 2—磨石

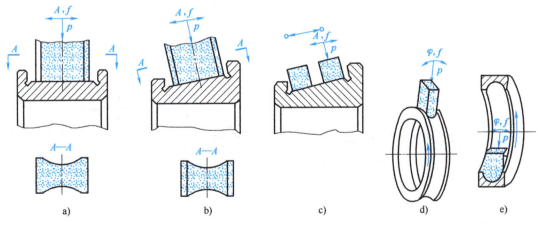

图 5-25 超精加工轴承滚道

3. 超精加工球面：如图 5-26 所示，超精加工时，磨石和工件旋转，磨石在旋转中摆动。为了便于冷却与润滑，在磨石工作面开有窄槽，便于贮存磨料与润滑。

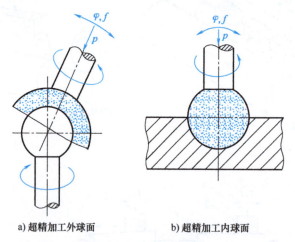

a) 超精加工外球面　　　　b) 超精加工内球面

图 5-26　超精加工球面

4. 超精加工平面：如图 5-27 所示。图 5-27a 是超精加工矩形平面，根据工件宽度和长度情况，可采用切入式或轴向进给式进行。图 5-27b 是超精加工圆形平面，工件旋转，磨石振动，磨石的长度必须超过工件半径，而且偏离工件中心。图 5-27c 是采用圆柱磨石超精加工环形平面，工件旋转，磨石除旋转外还做径向振动。图 5-27d 是超精加工滚轮端面，因在径向方向的各点切削速度不同，为了达到相同的磨除量，应把磨石做成外缘窄、内缘宽的形状。

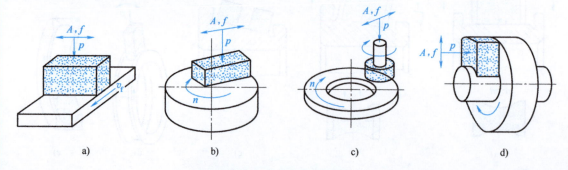

a)　　　　b)　　　　c)　　　　d)

图 5-27　超精加工平面

要实现超精加工，除工件要合理运动外，另一个重要因素就是磨石在超精头上的振动。实现振动的机构很多，常用的有气动振动、机械振动超精头。它们的振动频率可达 1000~3000 次/min，振动行程 a_v 为 1~6mm。

（三）超精磨石的选择

超精加工用的磨石与一般用的磨石不同，要求磨石粒度和硬度均匀、稳定和自锐性好。

1. 磨石的磨料：白钢玉（WA）常用于粗超精加工及半超精加工抗拉强度较高的碳钢、合金钢、工具钢和淬火钢；碳化硅（GC）常用来超精加工硬脆材料，如硬质合金、铸铁、有色金属、玻璃、玛瑙等；立方碳化硅（SC）的脆性比碳化硅低，性能比碳化硅优越，可代替碳化硅用于超精加工；人造金刚石（D）主要用于超精加工硬质合金、玻璃、陶瓷、半导体、石材等硬度较高的材料；立方氮化硼（CBN）的脆性比碳化硅低，硬度仅次于金刚石，而且很锋利，超精时发热量少，加工效率高，磨石寿命长，主要用于超精加工难加工材料，对一般材料也很好。氧化铬由于它的硬度低和切削性弱，光整性能好，主要用于工件表面粗糙度 Ra 值要求极低的超精加工。

2. 磨石粒度：磨料粒度是根据工件表面粗糙度值和加工效率要求来选择的。超精加工磨石的粒度一般在 W5~W28 之间选择。工件表面粗糙度 Ra 值与磨料粒度成反比，粗粒度效率高，反之则低。W20~W28 时，表面粗糙度 Ra 值可达 0.1~0.2μm；W5~W10 时，表面粗糙度 Ra 值可达 0.012~0.025μm。

3. 磨石结合剂：常用超精磨石的结合剂有树脂和石墨。

4. 磨石的硬度：当工件材料硬和与磨石接触面积大时，磨石应软一些，反之则大一些。一般磨石硬度可在 60~100HRH 之间选用。

5. 磨石组织：超精磨石的组织号应为 9~12 号疏松的组织。磨石的气孔率应为 43%~49% 为好，以便容纳切屑、脏物和润滑油。

6. 磨石的处理：超精油石在烧结后必须经过处理，以达到自锐而又耐用的目的。处理时，渗蜡或硬脂酸，或渗硫黄。处理的方法，就是把以上三种材料中的一种加热熔化，把磨石放入其中一定的时间，取出冷却即可使用。此外当磨石硬度过高，自锐性差时，可将磨石放入 3%（质量分数）氢氧化钾溶液中，煮一定时间，使磨石硬度下降到所需要求时，放入流动的热水中漂洗，清除氢氧化钾后，再用清水煮 1~2h，即可使用。

（四）超精工艺参数

1. 超精加工余量：在保证前道工序缺陷能去除的基础上，余量越小越好。前工序的表面粗糙度 Ra 值达到 0.8μm 时，在直径上的余量为 0.01~0.02mm。前工序的表面粗糙度值达到 Ra0.2~0.4μm 时，就取余量为 0.003~0.01mm。

2. 磨石压力：一般取 20~30MPa/cm²，粗超精取最大值，精超精取最小值。纵向进给速度。一般小于 7m/min，短工件为 1~1.5m/min。

3. 磨石振动频率f和振幅A：一般$f=$300~3000次/min，$A=1~6$mm。

4. 工件速度：粗超精时，$v_c=4~15$m/min；精超精时，$v_c=15~30$m/min。

（五）超精切削液

超精加工必须使用切削液，要求黏度应低一些，以利于清洗、润滑和排除切屑。一般采用80%（质量分数）煤油+20%全损耗系统用油。还可以采用含S、P、Cl挤压添加剂的油类切削油。铝和轴承钢超精加工时，也可以全部采用煤油。对切削液必须经过严格过滤，以保持清洁。

后 记

本书的这些内容是笔者几十年所看几百本技术书、刊、文集和活页资料后，总结出的与机械加工相关的精华奉献给社会上的同行。文中，过去的内容有不全之处（定性、定量、单位、定义工艺条件等），已尽自己的记忆与实践经验给予补上，可能还有错误，恳请批评指正，谢谢了。

笔者读书的习惯是1958年夏来北京后在父亲的督促下养成的。此外，当年参加工作后，为了早日为国家多做贡献，除在实践中学，还从书本中学本领，这是理想所逼迫。笔者只有初中学历，虽然在十年动乱前学完中专主要课程，但读书（特别是当时高水平的技术书）还有一定困难，在这种情况下，笔者硬是坚持日复一日地去读，还用于日常生产中（别人或老师傅干不了的，笔者主动揽下干好），由此尝到了读书的甜头与喜悦。笔者读书与父亲读书不同，他每天看书，但不用书的知识改变客观，笔者读书是带着目的去读去用的，所以笔者用书中知识指导自己的思想和工作。一个人读书的方法很重要，要联系实际，把书中精华找出来，记于笔记和头脑中，否则就如"狗熊掰玉米"，最后两手空空。记笔记还有一好处，查时简单和一目了然，否则在众多的厚书中去找资料相当费时费力。人生一辈子在职工作至60岁，在学校读书至大学毕业已22岁，如再读至博士后就30多岁，占人生工作时间的一半，可见读书的重要性。作为一个初中毕业的技术工人，常听到一些人的挖苦和踩人之语，这正是笔者读书和干好工作的又一动力，非下决心努力超过这些人不可。有些人获得高学历后就满足过去所学的知识，参加工作后总以"忙""没时间"为客观借口，不去涉猎众专业的书，这是欠妥的。一个人真正地学习是参加工作后开始的，因为这是实践的要求和需要，不学就不能解决实践中的问题。再说现在科技发展日新月异，不学就会落伍，也就不能用多专业的技术去复合解决一个工作中的难题，而且有时会给自己造成大的困难。只有知道技术、工艺、材料和信息多，才能多快好省去完成工作。一些人狂妄而躲避困难，这是不可取的。不能等别人干好了，自己去当事后诸葛亮。只有多读书、多学习的人，才有勇气去面对困难和战胜困难。读书是延长自己生命的捷径，知识丰富和全面了，他的工作效率就可高出一般人的一至几倍，就延长了自己生命一到几倍。"时间就是金钱，效率就是生命"，笔者深为赞同。还有个别人学到一点就自以为了不起而自傲，笔者对这种人是瞧不起的，也是他退步的表现。世界这么大，专业这么多，一个人的知识再丰富，也只知一个专业的局部，没有什么骄傲的本钱。所以要永远一辈子虚心求索，才能会不止步。

写于2019.7.21下午

附录　金属切削常用代号、名称、单位

现用代号	名称	现用单位	现用代号	名称	现用单位
A_γ	前刀面		h_D	切削厚度	mm
A_α	后刀面		b_D	切削宽度	mm
A'_α	副后刀面		r_ε	刀尖圆弧半径	mm
A_D	切削面积	mm²	ρ	刀口钝圆半径	一般刀具mm 天然金刚石刀具μm
P_r	基面		v_c	切削速度	m/min
P_s	切削平面		n	工件(刀具)转速	r/min
P_o	正交平面		a_p	背吃刀量	mm
P_f	假定工作平面		f	每转进给量	mm/r
P_p	背吃刀量平面		f_z	每齿进给量	mm/z
S	主切削刃		v_f	进给速度	mm/min
S'	副切削刃		z	刀具齿数	
S_ε	过渡刃		d_w	待加工表面直径	mm
P'_o	副剖面		d_m	已加工表面直径	mm
κ_r	主偏角	(°)	β_o	楔角	(°)
κ'_r	副偏角	(°)	δ_o	切削角	(°)
ε_r	刀尖角	(°)	γ'_o	副前角	(°)
γ_o	前角	(°)	λ_s	刃倾角	(°)
α_o	后角	(°)	γ_{oe}	工作前角	(°)
α'_o	副后角	(°)	α_{oe}	工作后角	(°)
γ_p	背吃刀量前角	(°)	P_{re}	工作基面	
γ_f	进给前角	(°)	P_{se}	工作切削平面	
γ_{pe}	工作背吃刀量前角	(°)	P_{ae}	工作后刀面	
α_{pe}	工作背吃刀量后角	(°)	P_n	法向正交平面	
κ_{re}	工作主偏角	(°)	M2A1或501钢	W6Mo5Cr4V2A1高性能超硬高速钢	
κ'_{re}	工作副偏角	(°)	M42	W2Mo9Cr4VCo8高性能超硬高速钢	

(续)

现用代号	名称	现用单位	现用代号	名称	现用单位
YG(K)	钨钴类硬质合金		Al_2O_3	陶瓷涂层刀具(片),硬度2400HV	
YT(P)	钨钛钴类硬质合金		B_n	刀具断屑槽宽度	mm
YW(M)	通用硬质合金		R_n	刀具断屑槽底圆弧半径	mm
YS(YD)	超细晶粒硬质合金		h_c	积屑瘤高度	mm
YN	TiC基硬质合金,又称金属陶瓷		F_γ	工件与前刀面的摩擦力	N
Al_2O_3+TiC	氧化铝基陶瓷		F_α	工件与后刀面的摩擦力	N
Si_3N_4	氮化硅基陶瓷		F_c	切削力	N
CBN	立方氮化硼		F	总切削力	N
PCBN	立方氮化硼复合片		F_p	背向力	N
PCD	人造聚晶金刚石复合片		F_f	进给力	N
CVD	人造金刚石厚膜钎焊刀片(具)		F_n	F_p和F_f的合力	N
JT	天然金刚石		K_c	单位切削力	N/mm²
JR	人造金刚石		P_c	切削功率	kW
TiN	氮化钛涂层刀具(片),硬度2000HV		T	刀具寿命	min
TiC	碳化钛涂层刀具(片),硬度3200HV		K_r	工件材料相对切削加工性	
TiAlN	氮铝钛涂层刀具(片),硬度3500HV		λ	工件材料的热导率	W/(m·K)
TiAlSi	硅铝钛涂层刀具(片),硬度4000HV		α_l	工件材料的线胀系数	
金刚石涂层	金刚石涂层刀具(片),硬度10000HV		HBW	布氏硬度	

（续）

现用代号	名称	现用单位	现用代号	名称	现用单位
HRC	洛氏硬度（金刚石圆锥）		Ta	钽	
HRA	洛氏硬度（金刚石圆锥）		Fe	铁	
HV	维氏硬度		Co	钴	
HS	肖氏硬度		Ag	银	
$\sigma_b(R_m)$	抗拉强度	MPa	Au	金	
σ_{bb}	抗弯强度	MPa	B	硼	
$\sigma_{bc}(R_{mc})$	抗压强度	MPa	G	体积磨削比	
(A)	伸长率	%	GH	变形高温合金	
α_k	冲击值（冲击韧度）	J/m²	K	铸造高温合金	
E	弹性模量	MPa	γ_{o1}	负倒棱角度	(°)
C	碳		b_γ	负倒棱宽度	mm
Cr	铬		b_ε	过渡刃宽度	mm
Ni	镍		κ_{re}	过渡刃角度	(°)
V	钒		H	残留面高度	μm
Mo	钼		A	棕刚玉磨料	
W	钨		WA	白刚玉磨料	
Mn	锰		PA	铬刚玉磨料	
Si	硅		ZA	锆刚玉磨料	
Ti	钛		MA	微晶刚玉磨料	
O	氧		SA	单晶刚玉磨料	
S	硫		NA	锆钕刚玉磨料	
P	磷		GF	矾刚玉磨料	
Pb	铅		GBD	单晶白刚玉磨料	
N	氮		C	黑碳化硅磨料	
Al	铝		GC	绿碳化硅磨料	
Cu	铜		BC	碳化硼磨料	
Zr	锆		TGP	碳硅硼磨料	
Nb	铌		SC	立方碳化硅	

（续）

现用代号	名称	现用单位	现用代号	名称	现用单位
D	人造金刚石磨料		f_{aB}	轴向进给量	(0.2~0.8)mm/r
CBN	立方氮化硼		v_{fx}	修整砂轮时工作台速度	mm/min
F	磨料粒度,范围F4~F280		a_{px}	修整砂轮时背吃刀量	mm
W	微粉磨料粒度,W表示微粉公称尺寸	μm	dst	磨削时双行程	
DEF	磨具硬度,超软		st	磨削时单行程	
G	磨具硬度,软1		f_a	横向进给量	mm/st
H	磨具硬度,软2		TA	α钛合金TA1~TA8	
J	磨具硬度,软3		TB	β钛合金TB1、TB2	
K	磨具硬度,中软1		TC	α-β钛合金TC1~TC10	
L	磨具硬度,中软2		d_0	刀具(砂轮)直径	mm
M	磨具硬度,中1		KT	刀具月牙洼磨损深度	mm
N	磨具硬度,中2		L_c	被切削层长度	mm
P	磨具硬度,中硬1		L_{ch}	切屑长度	mm
Q	磨具硬度,中硬2		L_f	刀屑接触长度	mm
R	磨具硬度,中硬3		L_m	切削路程长度	mm
Y1	磨具硬度,硬1		L_o	刀具长度	mm
Y2	磨具硬度,硬2		L_w	工件长度或孔深	mm
CY	磨具硬度,超硬		NB	刀具径向磨损量	mm
V	磨具陶瓷结合剂		VB	后刀面磨损量	mm
B	磨具树脂结合剂		α_{o1}	消振棱或刃带的后角	(°)
R	磨具橡胶结合剂		β	螺旋角	(°)
J	磨具金属结合剂		ρ	密度	g/cm³
磨具组织号0~3	紧密的				
4~7	中等的				
8~14	疏松的				
v_w	工件速度	m/min			
v_c	砂轮速度	m/s			

参 考 文 献

[1] 北京第一通用机械厂.机械工人切削手册 [M]. 6版.北京：机械工业出版社，2005.
[2] 上海市金属切削技术协会.金属切削手册 [M]. 3版.上海：上海科学技术出版社，2008.
[3] 北京市职工技术协会.铣工技术问答 [M].北京：机械工业出版社，2003.
[4] 肖诗纲.刀具材料及其合理选择 [M]. 2版.北京：机械工业出版社，1990.
[5] 艾兴.高速切削加工技术 [M].北京：国防工业出版社，2003.
[6] 韩荣第，于启勋.难加工材料切削加工 [M].北京：机械工业出版社，1996.
[7] 陈云，杜齐明，董万福.现代金属切削刀具实用技术 [M].北京：化学工业出版社，2008.
[8] 郑文虎.难切削材料加工技术 [M].北京：国防工业出版社，2008.
[9] 詹明荣.铣工现场操作技能 [M].北京：国防工业出版社，2008.
[10] 周炳章.铣工 [M].北京：中国劳保社会保障出版社，2004.
[11] 郑文虎.典型工件车削 [M].北京：机械工业出版社，2012.
[12] 郑文虎.机械加工现场遇到问题怎么办？[M].北京：机械工业出版社，2011.
[13] 雒运强.实用铣削操作技巧450例 [M].北京：化学工业出版社，2007.
[14] 张春江.钛合金切削加工技术 [M].北京：机械工业出版社，2004.
[15] 司继跃.铣工实用技术问答 [M].北京：机械工业出版社，2000.
[16] 郑文虎.精加工与光整加工技术 [M].北京：国防工业出版社，2006.
[17] 郑文虎.机械加工现场实用经验 [M].北京：国防工业出版社，2009.
[18] 任敬心，康仁科，史兴宽.难加工材料的磨削 [M].北京：国防工业出版社，1999.
[19] 胡保全，牛晋川.先进复合材料 [M].北京：国防工业出版社，2006.
[20] 郑文虎.采用PCD刀具车削砂轮 [J].机械工人（冷加工），2003（1）：43.
[21] 邓建新，丁泽良，赵军，等.自润滑刀具材料研究综述 [J].工具技术，2002（12）：8-10.